はじめに　〜水産養殖が人類を救う〜

世界の人口の増加は、以前に予測されたよりはやや伸びが小さくなったとはいえ、二〇三〇年から二〇五〇年には九〇億人から一〇〇億人になろうとしている。二〇〇六年八月現在の世界人口は六五億三六三九万人と報告されている。二〇〇六年度の世界の穀物生産予測が一八億tと推定されているので、全世界の人々に公平に分配できれば、一年間に一人あたり二七五kg、一日あたりでは七五三gの穀物が分配されることになる。これは普通の胃袋を持った人には食べきれない量であって、それなのにどうして食糧不足問題が起きてしまうのか、今日の世界のジレンマなのである。いま世界各地で続いている戦争は、その背景をたどれば、食糧や燃料などの資源を自国に有利に独占しようと意図するものであり、戦争よりも、飢えて今にも死にそうな人の数が二〇〇〇万人以上（※レスター・ブラウン）となっている現実に対して、何ができるのかを真剣に考えることが先決ではないだろうか。食糧が不足しているのではなく、公平な分配ができていないことが問題なのである。このような政治的な問題は、とても私が生きているうちに解決されるとは思えないが、本書で、世界中に水産養殖を拡大・充実させることが、そのことを解決できる選択肢の一つであることを述べたいと思う。

本書では、水産養殖業界で経験してきた事柄をわかりやすく説明したいと考えている。将来の貴重な食糧生産を担う産業として、多くの人たちによって進められてきた研究開発の歴史と、現場で汗水たらして働き、美味しく安全な養殖魚介類を生産している人々の努力の一端を紹介することで、店頭に並んでいる養殖生産物を少しでも安心して買っていただき、その美味しさを味わっていただければ、毎晩夜なべして書いた甲斐があったものだと思える次第である。

二〇〇八年一月

中　田　誠

※レスター・ブラウン（Lester R. Brown）：一九三四年、アメリカ・ニュージャージー州生まれの地球環境問題研究者で、早くから世界の人口問題や砂漠化問題を提唱し、各国で講演活動や執筆活動を行っている。

目次

ぜひ知っておきたい

日本の水産養殖

プロローグ——水産養殖とは

紀元前のエジプトや古代中国で、魚を池で飼っていたという記述や絵が発見されている。食べきれないほど獲れた魚を水たまりに放っておいたら、死なないばかりかいつまでも生きており、条件がよいと大きく育ち、やがて繁殖して増えていくことに気付いたのだろう。人間の食べ残しを与えたりして、エサを与えて飼うということを始めるのに、たいして時間はかからなかったはずである。そして、その中には人工的に池を築き、魚をわざわざ獲ってきて、そこで育てることを考え出した賢い人、恐らくは漁師がいたと思われる。また、成熟した魚が産卵することを知り、親を池に放って自然に産卵させ、増やすことを思いついたのだろう。

こうして始まった魚の養殖は、人間の生活を支える重要な食糧供給の手段となったに違いない。

養殖の始まりのころは「無給餌養殖」である。つまり、餌をやらずに育てるというものである。ずいぶん虫のいい話だがからくりはこうである。それは、種苗（※）である稚魚に、人工的に溜めた水の中に自然に繁殖した藻類やベントス（底棲生物群）などの有機物を食べさせて大きくする方法である。とても原始的な方法ではあるが、手間もかからず場所さえあれば最も安く漁獲できる、経済性に優れた生産方法といえる。これが世界の重要な食糧となるので、覚えておいてほしい。

さて次の段階は「施肥養殖」である。手順は、まず養殖池を造成・整地し、その後に鶏糞や酒粕、糠、ふすま等の有機質原料を池の底にまき、少量の水を注水して発酵させ、植物プランクトンの発生を待つ。必要な発酵有機物やプランクトン類とベントスが養殖池の底に溜まるまで、何度か施肥と注水を繰り返す。養殖する魚種によっては、繁茂した海草類等を天日乾燥させ、栄養成分の増産・蓄積のために腐敗・発酵を促す。こうして準備ができたら水深を深くして、種苗の稚魚を養殖池に放ち、あとは養殖池の底で繁殖した栄養生物を餌として魚が大きくなるのを待つのである。

無給餌養殖にしても施肥養殖にしても、現代の養殖技術からするとかなり原始的な方法で、「粗放的養殖」と呼ばれているが、世界の水産養殖の生産量六七〇〇万ｔの六割以上が今なおこの方法で育てられているのである。

また、この「粗放的養殖」方式は、有機物が常に不足する状態であり、生産された魚を取り揚げた後の池の水質は、農業でいう「連作障害」（※）が発生するほど有機物が不足した状態となっており、環境面から考えると水質が大きく汚染されることは少ないので「エコ養殖」とも言える。

現代の養殖法は、養殖魚に生餌や配合飼料を積極的に与える「給餌養殖」であり、養殖密度も高いので、食べ残しや糞が池底に蓄積され、排出水の汚濁や網生け簀の水の富栄養化が、周辺環境の汚染を引き起こしていることが問題となっている。

養殖の発展には、飼育環境水域の浄化対策技術を伴うことが不可欠であり、水質汚濁を抑制する研究開発や浄化設備投資のために、積極的に収益の一部を回すべきである。

また今後は、環境への汚濁排出がない「ゼロエミッション養殖システム」が約束されなければ、養殖ビジネスは、いずれ自分で自分の首を絞めてしまう事態になってしまうことだろう。もうすでに、世界中あちらこちらで、荒廃して捨てられた養殖エリアを見せられてきた。そんな光景がこれ以上増えてもらっては困るのである。

5　水産養殖とは

ちょっと先回りして水産養殖の抱える問題を書いてしまったが、現代の給餌養殖について、牛・豚・鶏などの畜産と比較することで、もう少し概要をつかんでほしい。

給餌養殖というのは、ガチョウや鴨のフォアグラ（脂肪肝臓）を作るような「強制給餌」、つまり無理やり食べさせて大きくするというのとは全く違う、魚の成長を十分知ったうえでの管理された給餌方法である。

現在、畜産において生産物を一kg生産するために飼料として必要とされる穀物は、牛では一〇kg、豚は七kg、鳥では五kgである。養殖魚の場合は、同様に一kg生産するには、ブリではイワシなどの生魚の餌料であれば七kg、マダイでは一〇kg、トラフグは四kg、ヒラメでは三kgを必要とする。

また、養魚用の配合飼料をエサとすると、同様に生産物一kgを生産するのに必要な量はブリ三kg、マダイ三・五kg、トラフグ二kg、ヒラメ一・五kgとなり、餌料の消費量としては大幅に少なくなる。しかし、その養魚用配合飼料の約五〇％は魚粉であり、その魚粉を一kg作るためには、イワシなどの生魚五kgを必要とする。

つまり畜産も水産養殖も、人間の食を満たすために、そのままでも食糧となりうる穀物や多獲性魚類のイワシなどを、手間ひまかけて、より付加価値の高い牛・豚・鶏や、ブリ・マダイ・トラフグ・ヒラメなどを生産する加工産業であると言える。

このことは、肉や魚を作るのに際して、原料として穀物や雑魚を大量に使用するうえ、環境汚濁や経営の低迷を引き起こす原因ともなっていることは否めない。

このような問題に対し、農林水産省は養魚飼料協会に研究開発事業として「環境負荷低減飼料の開発」を委託し、東京海洋大学と高知大学、および（独）水産総合研究センター養殖研究所や和歌山県・三重県・愛媛県・熊本県・鹿児島県の水産研究機関が協力して解決に取り組んでいる。

日本の養殖生産に関する記録は、大島泰雄の『水産増・養殖技術発達史』（緑書房）に詳しくまとめられている。その中では、一五〇〇年代からの古書をひもとき、漁業の始まりや蓄養の歴史について書き記されている。現在のような形の養殖は明治時代に始まっており、その後さまざまに改良が加えられ、現在に至っている。

日本の養殖は、真珠養殖や定置網養殖をしていた漁民の創意工夫で始められた。湾を堤防で仕切って、その中に、売りものにならない稚魚や、獲れすぎて値段が安くなった魚を蓄養することから始められた。この方法は「築堤式」と呼ばれ、堤の中で何もせずに放っておいても、もともと繁殖していた海草類や、小魚、底棲生物など、また外海から網を通過して紛れ込んでくる小魚やプランクトンを食べて生き長らえ、成長していくものである。嵐で漁に出られないときや不漁のときには、この中から魚を出荷することで、結構いい儲けになっていた。そのうち、漁獲したが売りものにならない魚介類をエサとして与えれば、さらに大きくなることが確認され、築堤式養殖が普及していったのである。

築堤式の養殖施設は、昭和初期には全国で数百台に増えたが、水替わりが潮の満ち引きだけのものであったために、養殖を何年も続けていくうちには、海底にヘドロが溜まり、酸欠や疾病の発生を招き、生産性が悪くなってしまった。

そこで開発されたのが「仕切り網養殖方式」である。最初の頃は、竹や木枠で海底から施設を立ち上げていたが、台風や潮の流れに壊れやすかったことから改良され、浮きを設置して海面に浮かせる「網生け簀養殖方式」となっていった。

網生け簀養殖方式では、底に錘を吊した箱網の力を分散させることで、強い潮にも流されて壊れることが少なく、網の中に豊富な海水が容易に出入りすることから、築堤式に比べると何十倍もの生産量が得られた。しかも、施設費用も築堤式に比べると非常に安かったことと、南北に長い日本列島にたくさんある湾や入り江が、台風や嵐からその筏を守るのに適していたので、日本の養殖が急速に発達する原動力となった。

しかし、このときは予測もできなかったのだが、一台の網生け簀（箱網サイズ＝縦・横・深さ各一〇m）の中で一〇t以上もの魚が飼育でき、さらに、後に生魚餌料から配合飼料に切り替わったことによって、一人で一〇台以上の網生け簀を管理できるようになったため、養殖海域の海底に大量のヘドロが蓄積し、環境水質の悪化と魚の疾病発生の原因となり、養殖経営の大きな問題となった。

養殖魚としては、高い値段で取り引きされていた高級魚が検討され、まずは、天然で種苗となるモジャコ（ブリの稚魚）が豊富に獲れることと、成長が早いということで「ブリ」が選ばれた。その次には、やはり大量の漁獲量であった「マダイ」の稚魚が、ブリの余りのエサで飼われるようになっていった。

マダイは、ブリに比べて水質の悪化に強く、質の悪くなった余りのエサでもよく成長したことと、日本人がおめでたい席には「タイ」料理を用いるので、販売には苦労することがなかった。しかし、天然のマダイとはほど遠い体色と肉質から、「養殖マダイ」というと、天然マダイの半値にしかならないという独自の価格体系が形成されたが、それでも十分な収益が得られ、全国でマダイの養殖が発展していった。

「マアジ」はかつて、全国各地の海岸線に「押し寄せてきた」と表現したいほど大量に獲れたため、「マアジ」の稚魚や成魚は、二束三文にしかならず、出荷せずに生け簀に放り投げておくしかなかった。何十万尾も入れて、ときどきマダイの余りのエサを与えて飼育し、天然漁獲量が少なくなったときなどに市場に持ち込めば、そこそこの高値で取り引きされ、これはいいということで、普及していった。嵐や不漁の品薄時にも、養殖魚は安定した出荷が望めるため、水産庁が大学や研究機関での研究開発を推進・指導して、海産魚の養殖経営の発展が促進されるようになっていった。

次章では代表的な魚について、その発達の歴史や現在抱える問題点などを、エピソードを交えて紹介したい。

※種苗：養殖の種となる稚魚で、モジャコのような天然種苗と、人口ふ化マダイ・ヒラメ仔魚などがある。

※連作障害：農作物によっては、土中の特定の栄養成分（ミネラルなど）を大量に取り込むため、次年度はその成分が不足して育たなくなることを言う。「粗放的養殖」では、窒素やリンが不足するので、施肥が不可欠となる。

1. 水産養殖の実態

コイの養殖

■コイ　鯉　英名：Carp　学名：*Cyprinus carpio*

世界で最も大量に養殖されている魚は、中国を原産とするコイ科の魚で、おそらく二〇〇〇万tを超えるものと予想される。日本でも、最大時には三万t以上の生産量であったが、二〇〇三年に発生したコイ科ヘルペスウイルスの蔓延で、主産地の霞ヶ浦での養殖コイの生産出荷が禁止されてしまったことから、二〇〇五年度の生産は激減してしまい、茨城県の生産数量は未確認となってしまった。

コイは、日本で最も古くから飼育されていた淡水魚と考えられるが、どういうわけか、活魚

■コ イ

（トン）

	平成 14 年度	平成 16 年度
全 国	9,949	3,966
福 島	1,266	1,305
群 馬	839	922
茨 城	5,138	□
宮 崎	572	514

茨城はコイヘルペスで生産制限（□）
他に富山・長野・福岡・鹿児島・山形

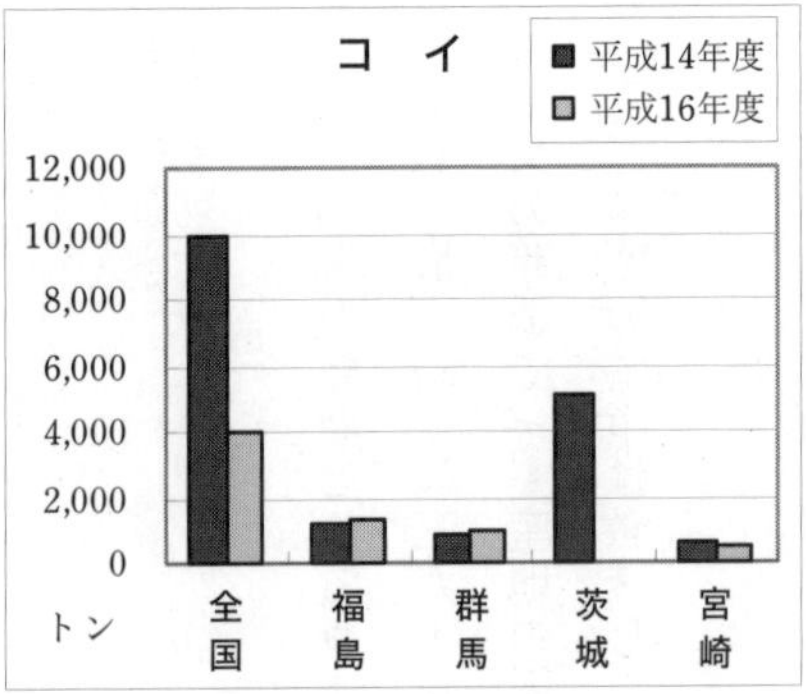

でなければ流通されないという業界の慣習が、一般消費者への需要開拓に妨げとなってきた。淡水魚流通における活魚信仰ともいうべき偏見と、伝統的な料理や食べ方が現代には受け入れにくいものであったために、福島県や群馬県などのコイの養殖産地以外では、個人の家庭への消費拡大が果たせず、一気に衰退しつつある。これらの地域から都市に移り住んだ人たちの、「コイが食べたい」というニーズに対して、埼玉県の淡水魚問屋や霞ヶ浦からの、養殖コイの量販店を通じた販売が一時進められたが、ショーケースに並べられた切り身のコイは受け入れられにくかったようである。しかも夏場などに、臭いや身質の悪いものが並べられることが度々あったりして、コイの取り扱いは一気に低迷してしまった。

活魚水槽に、コイを泳がせながら販売すれば、お客さんは生きたコイを新聞紙に包んで持ち帰り、自宅で料理して食べるという、他の魚ではまねできない贅沢が味わえるのだが……

ナチャン海岸にたつ朝市で売られる魚たち（ベトナム）

＊コイは口に苦し＊

大きな出刃包丁があって、魚をさばく勇気があるならば、直接養殖業者からコイを一匹買って、濡れた新聞紙でくるんで持って帰れば半日は生きている。値段も千円前後である。胸ビレを頭側に残すようにして頭を胴体から切り離す。その際、残った内臓側の中の胆嚢をつぶさないように取り出すことが大事である。これは、「苦玉」―「にがたま」と呼ばれる親指の先ほどの、白い皮に包まれた袋で、胆汁という黄色い液体が入っている。これをつぶしてしまうと、その胆汁が魚の筋肉や内臓にかかって大変苦くなってしまうのである。

一度知らずにこの苦玉をなめてしまったことがあるが、とても苦かったことと、その後に食べた豪華な料理の味が全く感じられなくなってしまったことから、今でもコイを調理するときには、苦玉をつぶさないようにと緊張する。

コイの甘露煮などの加工場には、この胆嚢をもらいに越後の薬問屋がやって来る。それを乾燥・加工して薬にしているようなのだが、「鯉の胆（苦玉）」として売られているのは聞いたことがないので、もしかすると「熊の胆（クマノイ）」に化けているのかもしれない。

養殖コイは、ふ化した稚魚から二～三年かけて大切に育てられ、消化管内の未消化物がなくなるよう出荷前に二日ほど餌止めした後、網を曳くか水門を開けて、水を抜きながら取り揚げられる。さらに、泥臭さが残らないように、地下水などの清流で二日以上池締め（後述）するので、体表のぬめりを軽く洗い取るくらいで全身食べられる。

古くからの養鯉場や、種苗となる稚鯉を全国に出荷している霞ヶ浦などでは、何十年にもわたって育種淘汰された、成長も肉質もよい一〇kg以上の親魚を専門に養殖している。春先の水温が二〇度くらいになったら、雌一匹に対して雄を四～六匹の割合にして、ふ化池に放流する。このときに産卵用の杉の枝や、産卵網などを沈めておけば、雄が雌を追いかけて排卵を誘い、争って放精する。これは最も原始的な産卵誘因技術であり、このようにして選別されてきた親の素質が、百年以上の歴史の中で受け継がれている。
最近では、霞ヶ浦で育てられた生産性の高い稚鯉が全国各地へ販売されており、寒い地方でも、給餌が始められる春に、より大きな種苗を購入することで飼育ができるので、寒冷地でも出荷体重を大きくすることができたり、越冬回数を減らすなどの経済的な生産性が高められるようになってきている。

養鯉生産は、水質環境の悪化や、密飼いによる細菌感染症、寄生虫疾病の発生、摂餌の減退による成長の低下などが問題になることはあるが、百年以上の長い歴史の中で、対処方法がわかっており、それほど大きな問題になることはなかった。

しかし、海外から持ち込まれた、致死性の高いウイルス疾病であるコイヘルペスには対処方法がなく、高密度で飼育しているところや、夏場以降に水温が低下したり水質が悪化しているところでは感染が早く、大量斃死を招く結果となった。このウイルスは、日本各地の河川や湖沼の天然魚に飛び火してしまった可能性が高く、行政指導により霞ヶ浦の養殖鯉の移動が全面的に禁止されはしたものの、今後しばらくは全国各地での拡大感染が懸念される。いつとは言えないが、このウイルスに対して耐性を持ったコイが選抜・淘汰されて全国に増えていくことで、今後大きな被害が発生しなくなるよう期待している。

また、国の研究機関である（独）水産総合研究センター養殖研究所から発表されているように、この疾病はコイに特有のものであり、人間には感染しない。とは言うものの、ウイルスのニュースを聞いたときには、コイを買って食べるなどという気にはならないだろう。しかしこの業界では、死んだコイや弱ったコイを流通させることはないので安心していただきたい。

コイは、生きて流通させなければならない特別な魚であることを先に述べた。海産魚やアユ、ニジマスなどは、漁獲後に即殺されて低温で運ばれるが、コイは取り揚げてすぐに食べる場合以外は生かして輸送される。このことが、コイの普及を妨げる最大の課題であった。また逆に言えば、これほど高度に管理された魚はいないと言ってもよいだろう。

コイが、輸送中や運び込まれた問屋の水槽の中で死んでしまうと、お金は入ってこないし、次の注文もなくなってしまうかもしれないので、養鯉生産者は極度に気を遣って選別・出荷している。出荷の予定が決まると、出荷サイズまでに育ったコイを選び、まず初めに餌止めをする。次に必要な尾数を取り揚げて、流水の水槽で何日か生かしておく（池締め）。

コイには胃がないが、体長の何倍もある腸管で、雑草や水草などの植物性蛋白質を、時間をかけて消化吸収する。腸管に大量のエサが残っているまま輸送すると、吐き出したり、未消化の腸管内容物の排泄により、トラックの活魚水槽を汚してしまい、コイが死ぬ原因となってしまう。また、排泄しきれなかった消化管内容物が腐敗すると、内臓を傷め、商品にならないばかりか死んでしまう。生産者としては少しでも魚の目方を増やしたいので、出荷ぎりぎりまで給餌して出荷したいところであるが、死んでしまっては元も子もない。

稚魚を他の県に運ぶときも、同じように何日も餌止めをして、弱った稚鯉は除いてから出荷する。途中一匹でも死ぬと、一緒に運んでいる他の稚鯉も弱る原因になることから、丁寧に選別している。ここで手を抜いてしまい、運んだ先で稚魚にエサをやったとたんに病気が発生し、大量に死んでしまうという失敗を、ほとんどの業者が一度ならず経験している。

日本の養殖生産の特徴は、「温水魚」で「越冬する」という課題があることである。春に生まれた稚魚が暑い夏にぐんぐん大きくなり、餌食いと消化吸収代謝の最も旺盛な秋に、さらに大きく育っていく。そして、春や夏には飼料中の蛋白質を魚体の蛋白質生成に使っていたのが、日照時間が短くなり水温が下がってくると、冬越しのために脂肪分に転換するようになる。ふ化仔魚から稚魚になり、成魚になる間に一度や二度は冬越しをすることになるが、このことが、日本の魚を美味しい旬の味にしているのである。

養殖コイに関する適正な栄養要求についての研究も十分進んでおり、成長ステージと季節ごとに、最適な配合飼料が製造・販売されている。しかしながら、そこでの難しい問題は、大きく変化する水温に応じて、飼育する人間が適切な飼料を選択していかなければならないことである。

夏場の高水温期には飼育環境が酸素不足になりやすく、酸欠のコイの特徴として、他の魚には見られない「鼻上げ」がある。これは、エラから酸素を取り込んでいただけでは間に合わなくなり、直接口から酸素を吸い込むようになるのである。数万匹もいるコイが一斉に鼻上げを起こすさまは異様で、このようなときには、養殖池に備えてある水車を回したり、川や井戸からの新鮮な水を注入するなどの対処法をとる。網生け簀では適当な対処法もないので、鼻上げするようになったら経営から撤退せざるを得なくなるかもしれない。

周囲の水域全体に環境悪化が進んでしまっていると、生け簀の中の飼育密度を多少減らしたところで何の役にも立たない。蓄積したヘドロを減らしたり、護岸工事などで、失われてしまった飼育環境の水質浄化能力を取り戻す工夫が必要となってくる。

このように季節に応じて、コイ用配合飼料も蛋白質やカロリーレベルを変化させなければならないが、越冬明けの春先や、出荷前のコイには、消化吸収性のよいエサを選択して与える必要がある。人間でも、断食明けや退院直後からステーキを馬鹿食いすることはないだろう。コイについても、春先には大麦を煮て与えたり、低蛋白・低カロリーのコイ用配合飼料が選択され、給餌されている。

同様に、稚魚を出荷する際にも、その直前には消化吸収性のよい飼料を与え、消化管が傷付いて細菌感染など起こさないようにしている。また、海外から購入する際には、魚種によっては出荷ぎりぎりまで抗生物質を含んだエサで育てて輸出してくることがあり、国内の養殖池に入れてエサを与えたとたんに大量斃死することがあった。調べてみると、抗生物質の過剰投与によって脾臓等が浮腫を起こしていた。そのような経験から、現在では日本から技術者が現地に駐在し、飼育管理状況をチェックして、病気の発生や抗生物質の薬剤投与などの異常がないことを確認してから輸出している。

国内の養殖コイも同様に、出荷前にどのようなエサを与えていたかを相手に伝えるようになっている。稚魚を導入した業者は、いきなり違ったエサを与えることによるストレスを避けるため、なるべく今まで使っていた飼料を与えるようにしている。

近年、食の安全性の問題から、養殖生産物のトレーサビリティが要求されるようになっているが、生産者としても、購入する稚魚のそれまでの飼育方法や、使われていたエサについて、しっかり把握することが常識となっている。

養鯉業者にとって、病気よりも恐れられていることは、飼育環境で発生する臭いの原因物質を生産する、細菌やプランクトンの付着、もしくはそれらを経口摂取することによる、臭いの発生である。

夏場に、池や湖などの飼育環境が独特の異臭を発生するときがある。このようなときにコイを出荷すると、調理した際にひどい臭いがわき出してきて食べられないことがある。生産者が出荷前に臭いに気付いたときには、きれいな水でしばらく泳がせれば消えてしまうので、それから出荷するのだが、弱い臭いであると、気付かずに出荷してしまうことがある。そのようなコイは、家庭で熱を加えたり、内臓を処理したときに強く臭うことから苦情となる。問屋やスーパーマーケットなどの流通業者は、クレームが出ては商売にならないので、同じ生産者からの購入は控えるようになってしまう。

臭いの原因が体表などに付着しているようなものであれば、立て場で新鮮な水にさらせば数日で消えるが、臭い成分が筋肉の脂質成分などに取り込まれている場合だと、数週間新鮮な水で泳がせたくらいでは出荷できない。再度きれいな環境で、配合飼料を与えて飼育しなおすことで臭い成分は排出される。

臭いの問題は環境水の悪化に起因し、コイヘルペスの被害を招くのと同様、飼育環境の悪化が要因であるため、国の研究機関や水産試験場で、プランクトンや細菌の分析により、異臭産生が発見されたときには、直ちに養殖生産者に異常発生を伝え、出荷を控えるよう行政指導されることになっている。

＊まずはコイのエサから始まった＊

製粉の過程で発生する末粉やふすまを処理する先として、畜産飼料が始められ、ついでに養魚飼料も手掛けることになった。日清製粉（株）に入社後、コイ用の飼料の研究開発と営業支援をしていたのだが、養殖現場からは、飼料の物性の改良要請が頻繁に入っていた。

入社した夏に、現場支援として霞ヶ浦や諏訪湖などの養鯉場を、営業担当と一緒に訪問することとなった。養殖のことなどほとんど知らなかった私は、先輩の営業マンや特約店の先輩たちに連れられてコイの養殖業者の家を訪問

ナチャンの市場で売られていたコイ

し、池や生け簀を見せてもらう日が続いた。一軒ごとに、見ること聞くことすべて初めてのことばかりで、必死で記憶にとどめていった。

そのうち、コイに寄生虫や細菌性疾患が発生しだした。数軒で事情を聞き、対処方法や効果について教えてもらった。次に行った業者に、先に聞いたことを話すと、それだけで顧客は喜んでくれた。研究所に戻ってから、先輩たちから魚病対策や治療方法などを教えてもらい、翌月には、抗生物質や、今では禁止となってしまったマラカイトグリーンやフラン剤、塩水浴などについての指導ができるようになった。

コイの斃死に苦しんでいた顧客からは、私の指導を守って、投薬や薬浴をすることでぴたっと斃死が止まったと、先生扱いどころかときには神様のように拝まれたりすることもあった。顧客満足度を高めるためには、養殖を一から勉強しなくてはと、専門外であった養殖に関する技術書を読み漁ることになった。

そのような現場訪問の中、営業マンからも多少は信頼を得ていたのか、予定外であったが、ぜひある顧客を訪問してほしいと言われ、初めて会う養鯉業者を訪ねた。

湯呑みを「どうぞ」と差し出されたので、一息に飲み込んだらお茶ではなく酒であった。一気に顔が真っ赤になっていったが、すでに手遅れで、それからどんな話だったのかほとんど思い出せなかった。そのあとは大変な修羅場だったようで、先輩の営業マンに抱かれて車に運び込まれたのと、「先生、何とかしてくださいよ！」の言葉だけを覚えている。水をがぶ飲みして少し我に返った。

後日、もう一度同じ養鯉業者のところに行った。社長が、当社の餌袋からコイ用のドライペレットを取り出し、池にまいたところ、風下で見ていた私の顔や身体に粉が降りかかってきた。池の表面にも砕けたドライペレットや粉が浮いていた。その次に社長が取り出したのは長さが五㎝ほどもあるペレットで、これを与えると、煙草でもくわえているかのようにして泳いでいる。つまり、エサに対する苦情であった。これが解決できなければ取り引きは止めるぞということで、その最後通告に、営業マンもこれはマズい、ということで、入社一年目の私に、何とかしてくれということなのであった。

＊コイのエサは風に舞う＊

研究所に戻り調べたところ、養魚用飼料のドライペレットには工場での製

日本では養殖コイのエサとなる天蛹も、ベトナムや中国では高級な料理となっている。

天蚕の蛹（さなぎ）料理

造品質基準がないことがわかった。そこで急遽、「粉や砕けの発生率は一％以下にすること」との基準を、上司に相談もせず一人でまとめて、本社の取締役でもあった製造部門長に提出したところ、これに驚いた部門長から本社に呼び出された。具体的な規定を設定してもらえるものと思っていた私は、いきなり「何を考えているんだ！」と一喝されてしまった。今考えれば、入社一年目の若造がいきなり本社の取締役に直訴したようなもので、あとで研究所の上司や所長からも呼び出され、お叱りを受けた。

せっかく来たのだからと、部門長に現場の実態を報告すると、「多少の粉ぐらいコイは食べてくれるだろう。長いペレットだってそのうち折れて短くなるだろう」との返事に、ただ唖然とするしかなかった。「粉や砕けの発生が、ひどいときには五％以上のときがあり、このままでは顧客を失うことになります」と進言したのだが、「ブタやトリは粉でも食べるじゃないか」との言葉を返され、これは社内で養魚飼料の認知度を上げることが先決だと痛感した。

それからは、機会があるたびに会社のお偉方を養殖現場にお連れし、高価なスーツを粉まみれにしたり、揺れる筏で立派な革靴が海水に浸かるよう図った。大変申し訳ないことではあったが、少しでも養殖と養魚飼料の現状を理解してほしかったのである。それでも相変わらず、畜産飼料の生産規模一〇〇万tの陰で、たかだか五万t規模であった養魚飼料の改善と収益展望を具申したところで、「畜産あっての水産だよ」の一言で片付けられてしまっていた。

コイは、栄養代謝が他の魚とかなり異なっている。草食・雑食性であり、胃がないため何回にも分けて給餌することが、最大の成長をもたらす。胃がないことから、消化・吸収力が弱いようで、難分解性ミネラルの吸収能力が、やや劣っている。さまざまな試験の結果から、他の魚に比べると、リンの要求量が特異的に高いことがわかった。

一九八〇年代の、市販のコイ用飼料の飼料効率（※）は、五〇％くらいであったが、可溶性のリンを〇・五％ほど添加したら、飼料効率は一〇〇％を超えるようになった。このような極端な飼料効率の改善効果は、同じく無胃魚であるトラフグでも同じ傾向が確認されたが、いまもって詳しいメカニズムはわかっていない。この改善効果について、茨城県、東京水産大学と共同開発を行い、リン酸ナトリウムやリン酸カリウム態のリンと、飼料油脂の添加により、飼料中の蛋白質含量を四五％から三二％に低下させても成長が変わらないことを見いだした。この飼料は、飼料窒素による水質汚濁を軽減する方法として、霞ヶ浦における環境負荷の抑制飼料として茨城県の指定品となった。

また、ドライペレットという新しいタイプの飼料を、自動給餌機と組み合わせることで、「手まき」に比較して、一人で従来の何倍もの網生け簀を管理できることになり、養殖コイ生産量は大きく増え、二万ｔから三万ｔ以上になった。それとともに霞ヶ浦では養殖コイに投与される飼料が何倍にも増えていき、その結果、糞や残餌が増え、それと並行して都市化による生活排水や周辺の畜産からの汚濁物質の流入、農業肥料や農薬の流入によって、霞ヶ浦水域の公害が進んでしまった。養殖生産からもたらされる汚濁を「自家汚染」と称しているが、霞ヶ浦はあらゆる汚染が集中してしまい、また、湖から沼へ変わりゆく浅い水系であることも災いしてしまった。さらに、浄化能力を低下させる一因となったのは、霞ヶ浦を取り巻く護岸工事であったと思う。水質浄化を担っていた葦などの水草がなくなり、アオコのようなプランクトンの大繁殖を抑制できなくなり、ヘドロが消化されずに蓄積し、悪臭が発生するようになってしまったのである。

自然のもつ浄化能力を超えない規模の養殖に制限することで、養殖魚の健康を保ち、また自然に繁殖するプランクトンや魚、昆虫、そして水鳥等がそれぞれ健康に育つ環境に戻さなければいけない。

コイの養殖生産量は、二〇〇二年には五〇〇〇tを割るほどに低下し、水質悪化は止められず、飼育しているコイが毎年酸欠で斃死している。そのような中で、ヘルペスウイルスが猛威を振るい、養殖生産者にしてみれば、踏んだり蹴ったりであった。減産に歯止めがかからないコイの代替魚種として、青魚や淡水フグなどが候補にあがっているが、もっと水質浄化に効果が期待できるようなテラピアや草魚などを飼って、新しい水産加工品を開発すべきではないかと考えている。

※飼料効率：一〇〇gの飼料を与えて増重したg数（%）。水分八%の配合飼料一〇〇gから飼育魚体（水分六〇%）一五〇gの増量が得られることもある（ニジマス稚魚）。

ニジマスの養殖

■ニジマス　虹鱒　英名：Rainbow trout　学名：*Salmo gairdneri*

ニジマスは、最近では売り上げが落ち込み、スーパーでも一匹一〇〇円の特売品扱いされる

■マス類

（トン）

	平成 14 年度	平成 16 年度
全　国	12,717	14,504
長　野	2,260	2,856
静　岡	2,220	2,321
山　梨	1,182	1,187
栃　木	851	987
岐　阜	766	877

他に新潟・岩手・北海道・宮城・群馬・山形

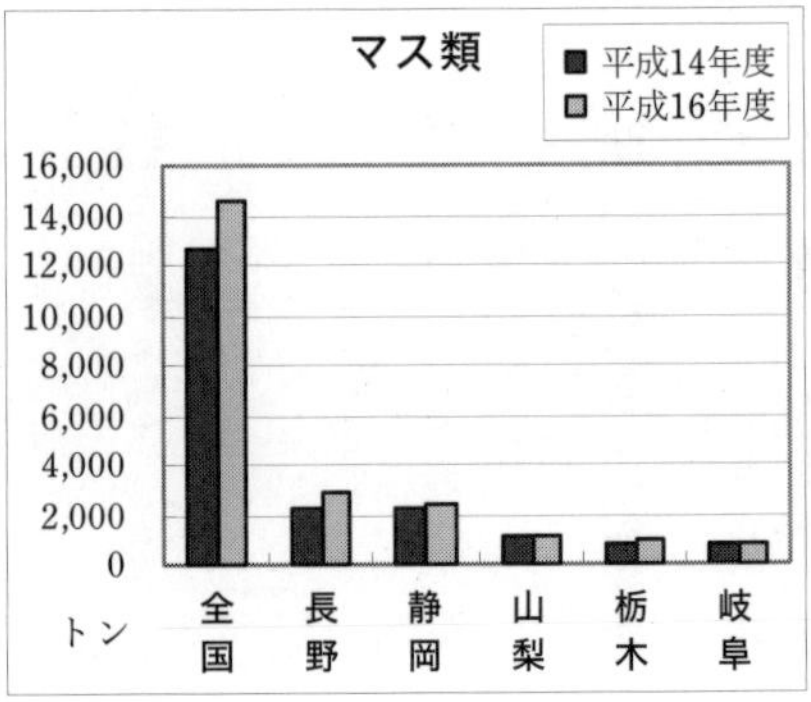

ことが多くなってしまった。若い女性や主婦には、体色の独特な青と黒の色合いやぬめりがお気に召さないようで、子どもたちには、小骨と内臓の苦みが、好かれない理由のようである。

解決策として、少しコストはかかるが、もう一年長く飼育して大型ニジマスとして提供し、きれいな赤身の、脂ののった刺身として食べてもらうのがよいのではと考えるのだが、経営が苦しくなった養鱒業者にとっては、長く飼うことは歩留りも低下するし、飼育日令が増えるほど飼料効率は悪くなる。投資資金が長く寝ることになり、その回収に時間がかかるため、それなりの価格で販売できないと利益が得られないのである。

ニジマスは、もともと日本にはいなかった魚で、デンマークやアメリカ、カナダで養殖技術が発達し、明治の初期には全国各地で、卵を輸入してニジマス養殖が始まっていた。

アメリカでは初期のニジマス養殖用飼料として、畜産物の内臓や、魚のアラ、小麦、トウモロコシ、酒の発酵残滓などの非食料原料を混ぜた「オレゴンペレット」が普及した。その後、ワシントン大学のハルバー博士らが栄養研究を重ね、ニジマスのビタミンやミネラルの要求量を明らかにした。その研究の蓄積から、ペレットマシーンと呼ばれる撹拌造粒機でドライペレットが作られ欧米で急速に発達し、日本にも導入された。そして、日本配合飼料(株)やオリエンタル酵母工業(株)などの大手飼料メーカーが、養魚飼料製造と技術の普及を担当して、日本の養魚飼料の歴史が始まった。

ニジマスは百年以上にわたって人工ふ化が繰り返され、養殖・育成しやすい魚の代表となった。大きく、病気にも強い親を育てて産卵させ、受精した卵を小さな箱や水槽の中でふ化させて餌付けする。大きな池に放せるサイズになると、選別し、重量と平均個体重を測定してから各池に分養する。

カラフトマス親魚の捕獲場（簗場）

ふ化後、〇・一g以下から数百グラム、数キログラムにまで育て、その成長に従って、狭くなった池から取り揚げて選別・分養し、飼育尾数を減らして飼い直す。池の構造や魚種によって、取り揚げ方法や選別方法が異なるが、汚れた池を洗い直したり、病気の魚を取り除いたりと、大変な重労働で過酷な作業である。ニジマスは冷水魚であり、飼育池の水温も一〇℃以下のことが多く、真冬の最中に池の中で、胴長を着て、しぶきをあげるニジマスを簀の子状の選別機でより分ける仕事はとても辛いものである。

サケ・マスふ化稚魚飼育水槽

その後、分養を繰り返し、最後は大きくなったニジマスを出荷する。出荷作業は、ニジマスが傷まないように迅速にしなくてはならず、大声が飛び交い、さながら戦場のようであるが、無事に元気な魚を出荷し終わったときの安堵感は、経営・飼育している人間にしかわからないことだろう。

サケ・マスの飼育池（サハリン）

＊人に慣れる魚たち＊

ニジマスの飼育方法は、国立淡水区水産研究所の町田先生に手取り足取り教えていただいた。三〇〜六〇ℓほどのガラス水槽の中で流水で飼育するのだが、残餌や糞の処理と汚れたガラス面を毎朝洗うのが日課であった。人間に飼い慣らされたニジマスは、網で取り揚げてバケツに入れておいたり、魚が泳いでいる時にガラス面を洗ったりしても、たいしてストレスを感じないのか、一〇分もしてからエサをまくとすぐに食べてくれた。何世代にもわたって人間の手でふ化・継代されてきたことからとても慣れているのだと教えられた。

＊新種マスの味＊

淡水区水産研究所に、違う分野から来た私を可愛がってくれた丸山為造博士という先生がいらした。昭和天皇に養殖の講義をされていたことがある方で、二〇〇五年に亡くなられてしまったが、当時、いくつかの近縁のマス科の魚をかけあわせて、何種類もの交雑マスを作製し、飼育していた。淡水研の、同じ研究者たちにもまだ食べさせたことのない珍しい交雑マスを、わざわざ取り揚げて食味テストと称して食べさせてくれたことを覚えている。

先生は、それぞれのマスの種類が持っている特徴をかけあわせ、より成長が早く、より病気に強いマスの研究をしていた。新種のマスは、普通のニジマスとは違った模様や体色が発現していることは明らかであったが、どちらが美味しいかと聞かれて、「同じに感じられる」と正直に答えたら、丸山先生は少し寂しそうであった。

先生は、テラピアやチョウザメなどの導入も手がけられ、日本の養殖の発展に尽くされていたお一人であり、ご指導に感謝するとともに御冥福をお祈りする。

サケ・マス稚魚の飼育用自動給餌機

「マリノフォーラム21」という研究組織の中で、沖合養殖システムの開発に加わったことがある。沖合に養殖プラットホームを設置し、そこから各筏に機械的に配合飼料を流すという設備開発であったが、固形飼料の開発が不十分だったことが原因となり、経済性が得られず撤退してしまった。

その後も数多くの水産庁の指定研究が実施され、養魚飼料協会の技術委員長という立場で代表委員として参画してきたが、分業的な開発に始終し、総合的な開発に進む前に予算が減らされてしまうという図式で、せっかくの成果も実用規模での確認研究が残されたままであるために、投資した開発費がほとんど回収されていないのは残念なことである。

海外で巨大化して発展を続ける養殖産業グループ会社がある。代表的な会社としてＥＷＡＳやニュートレコ等があげられるが、これらはいずれも国境をまたぐ世界企業で、種苗生産や飼料生産、および養殖と生産物の流通など、各国で効率的な営業を拡大させている。これらの企業規模では、総合システムの開発研究が進められ、わが国での貴重な大学や研究機関での開発成果を導入し、より経済的な生産に結びつけている。

せっかくの国内技術も、それを確認できる現場レベルでの飼育研究連携がないために、宝の山どころか、日の目を見ることのない技術となってしまっていることもある。文部科学省の産学官コーディネーターとして、企業と大学、および現場の連携活動を推進しているが、養殖現場は小規模の経営体であり、大学のもつ技術も、すぐに実用化できるレベルのものは少ないため、企業中心の開発とならざるを得ないことが多い。水産総合研究センターとして、日本栽培漁業協会も合体した独立法人ができたのだから、このような実務ベースでの経済確認を実施する部署が活躍することに期待したい。

薫製やイクラは東京と変わらない値段。

サハリンの魚屋

＊今までになかった美味しさのニジマス＊

一九六八年に大学紛争が一段落して、やっと大学院に通えるようになった。ニジマスの脂質代謝を研究テーマにしたいと希望する私に、初めは渋っていた外山健三助教授が、理研ビタミン（株）で魚油を粉末油脂化してもらい、日本配合飼料（株）で高油脂含有ニジマス用固形飼料を作ってもらい、八ヶ岳にある大学の養鱒実習場での飼育担当を手配してくださった。それもこれも講座の主任教授であった安藤先生や渡辺悦夫助手、能勢健嗣先生、増殖科の荻野珍吉教授が働きかけてくれたおかげでもあった。

飼育が始まると月に一度現地に赴き、飼育状況を観察し、魚を取り揚げて持ち帰り、大学での解剖分析という日が続いた。中でも、一番の課題であった脂質代謝を研究するために必要だった、脂肪酸のガスクロマトグラフィー（GLC）分析が一番大変であった。

抽出した魚の各組織の魚油を脂肪酸に分解して、GLCに注入するのだが、一点を測るのに一時間はかかったため、その間、他の一般成分の分析や、魚の解剖などをしていた。膨大な分析の中で、徹夜しての苦労は結果が待ち遠しく気にならなかったが、油脂の分析に使う溶媒の臭いに苦しみながら精製するのが大変であった。大量の資材を調達してくださった外山先生と、手伝ってくれた学生たちに感謝している。

このときの研究は、養魚飼料に、酸化していない油脂を一〇%添加することで、成長が三〇%改善され、しかも脂ののった筋肉は、刺身にしても焼いて食べても、従来の配合飼料の魚より格段に美味しいということを示したことにある。このことは、米と野菜を持参して泊まり込み、飼育したニジマスを真っ先に食べていた私のお腹が納得、証明するものであった。飼育管理を担当していただいた管理の先生たちも、「今までに食べたことのない美味しさだ」と言ってくださり、ますます研究に没頭したのである。

ニジマスは成魚になると、サケと同じように数キログラムにもなる。スーパーなどで売っている一〇〇gくらいのニジマスを、美味しいと思って食べている人もいると思うが、実はまだまだ子どものサイズで、脂もほとんどのっていない。脂が少なく「さっぱりしていていい」という方もいるが、残念ながら本来のニジマスの味とは言えない。少なくとも三〇〇g以上にならないと脂ものってこないのだが、飼料の中の蛋白質や炭水化物をカロリーとして燃やして成長しなければいけないので、脱脂された魚粉に残る油脂分だけでは成長に必要なエネルギーを賄いきれないため、増重が制限されてしまう。しかし、飼料に五%の油脂を添加することで、飼料蛋白質からニジマス魚体蛋白質への合成を優先させることができるため、市販飼料では飼料効率が六〇%弱であったのが、一〇%添加の高油脂飼料で、それが七〇%以上になった。

美味しい魚を作るには、筋肉を増やすことが大切である。稚魚期に高蛋白低脂肪飼料をたっぷり与えて、適度の運動をさせておけば、筋肉質の魚となる。そして高蛋白・高脂肪の飼料で成長させていけば、飼料脂肪を効率よく燃やしながら、体蛋白筋肉を増やしていく。秋には体脂肪を増やして越冬準備を始めるが、筋肉質のニジマスは飼料からの脂質代謝が盛んで、取り揚げたニジマスの体組成は適度に脂がのって、美味しい肉質になっている。人間も、若いときにスポーツをしっかりして筋肉部の割合が多いと、摂取した脂肪分を燃やす比率が高く、体脂肪の蓄積を防いでくれる。

逆に狭い生け簀にぎゅうぎゅう詰めで飼われた魚は、筋肉部の発達が悪く、身質がよくないことがわかっている。大型の筏で飼われたブリは、同じエサを与えられた小型の網生け簀で飼われたブリとはまったく異なる肉質となるのは、運動量の違いにある。島と島の間の、瀬戸と呼ばれる流れの急な海域で漁獲されるマダイやアジ、サバが美味しいのも同じ理由である。養殖筏をできるだけ大きくして、飼育尾数を減らし、運動量を増やすことが、筋肉の締まりをよくし、無駄な内臓脂肪を減らし、疾病にも強い美味しい魚にしてくれる。

また、どうして大型のニジマスが販売されないのだろうかと残念に思う。稚魚のときはどんどん大きくなっていくので飼料効率もよく、よい環境と適正な飼育密度を保てば、ふ化仔魚の時代は一kgの配合飼料を与えると一・四kgの稚魚の増重が得られ、このときの飼料効率を一四〇％と表現する。配合飼料は八％前後の水分で、乾物としては蛋白質と脂肪とミネラルなどの総量が九二％である。ところが、ニジマスなどの魚の重量は七〇％弱が水分なので、水分を除いた乾物の割合は二〇〜三〇％しかない。乾物換算で、九二〇gの配合飼料から、三五〇gのニジマスに変換される計算で、乾物での効率は三八％にすぎない。研究室のガラス水槽や小型のコンクリート水槽などでは、水質がよく保たれ、残餌が発生しないように給餌されるので、飼料効率が二〇〇％以上になることがある。

ニジマスの高油脂飼料での飼育試験のもう一つの目的は、油脂の種類によって成長が違うことを明らかにすることにあった。飼育途中のニジマスを取り揚げて持ち帰り、大学の研究室で内臓や可食部を丁寧に腑分けして、水分や蛋白質・脂肪・灰分などの一般成分や、脂質中の脂肪酸組成などをすべて測定していった。飼料油脂を添加することで、内臓や筋肉可食部が大きくなり、脂質も増えることが明らかになったが、油脂の種類によってその効果に差があることもわかってきた。今でこそＥＰＡ（エイコサペンタエン酸）やＤＨＡ（ドコサヘキサエン酸）として誰もが知ることになったが、脂肪酸の長さや不飽和度などの構造の違いによって、摂取してすぐにエネルギーとして燃やされる中鎖飽和脂肪酸と、重要な体組織の成分として蓄積される高度不飽和脂肪酸の吸収・代謝に差があることがわかったのである。

そこで、どのような成分が消費されていくのか、ニジマスを九週間絶食させてみた。絶食一週間後に、取り揚げて重量を測定してみたところ、絶食前よりも三％くらい体重が増えていたので、思わず、飼育管理してくれていた人に、「残っていたエサでも与えたのではないか」と詰問してしまった。「そんなことはしていない」との答えに、釈然としないまま大学に戻り解剖を始めたところ、何と空っぽのはずの胃袋の中から小粒の石が何個も出てきたのである。あわてて試験場の先生に謝罪の報告をしたところ、「水路を通じて入ってくる小石を空腹のあまり食べたのではないか」と大笑いされてしまった。胃の中の小石を取り出して測り直し計算してみると、驚いたことにそれぞれ体重の五％以上の石を食べていた。どうやら台風の影響で増水し、泥や小石が池に流れ込んでしまったことが原因だったようである。

絶食初期は、遊離アミノ酸や脂肪酸と水分が減り、一カ月以上絶食すると体重はもちろん減るのだが、体の脂質成分が減り、水分が増えていくことがわかった。最大の知見は、ＥＰＡや

ＤＨＡなどの高度不飽和脂肪酸が残り、中鎖で飽和度の高い脂肪酸が減っていくことがわかったことである。脂肪酸はトリグリセライドとして存在し、高度不飽和脂肪酸を含有する脂肪は、細胞組織の大切な部分に残存し、絶食中もエネルギーとして、簡単には消費されないものであると考えた。

脂質を構成するトリグリセライドは、グリセリンに脂肪酸が結合する部位が三カ所あり、このうち、中央のβ部分に高度不飽和酸が付いている脂肪に、特異的な機能性効果があると考えられるので、さらなる研究を進めたいと願い出たが、これらの試験に用いる特異的なトリグリセライドの値段が高額であると聞かされ断念した。これらの特徴ある脂肪を養殖魚に多く含ませることによって、その魚を食べた人への健康増進が期待できるのではないかと考えたのだが、誰かこの研究をしてみないだろうか。

もう一つの発見は、中鎖脂肪酸は燃えやすいという性質から、すべての動物にとって太りにくい油脂としての利用法があるのではないかとの提案をしたが、受け付けてもらえなかったのは残念であった。最近になって、ヘルシーな油として人気商品になっているのを見るにつけ、あのときもう一歩踏み込んで研究すべきだったと後悔している。

効率のよい養魚用油脂として、魚油よりも安い獣脂のほうが、蛋白質の合成にエネルギーとして優先的に燃やされるのでよいのではないかと考えたのだが、ニジマスのように低水温環境にすむ魚では、油脂が固化してしまい、体調を低下させることがわかり、植物油と魚油を一対一とする割合がよいことを、修士論文として発表した。

アユの養殖

■アユ　鮎　英名：*Ayu-fish*　学名：*Plecoglossus altivelis*

キュウリの香りがする魚として「香魚」とも呼ばれ、また、一年で成魚となり卵を産んで死んでしまうことから、「年魚」ともいわれる。英語でもAYU-FISHと言うように、「アユ」は世界的に認知されている。

日本では古代から食べられていた魚であり、馴染み深い魚であるが、河川で縄張りを作ることから、友釣りという、おとりの魚と喧嘩させて針にかける方法で釣る。石についた苔を食べて育ち、体を踊らせながら石を噛む姿がキラキラと輝く様から、「淡水魚の女王」と言わしめたのであろう。

■アユ

（トン）

	平成14年度	平成16年度
全　国	8,127	7,201
徳　島	2,014	1,488
和歌山	1,711	1,393
愛　知	651	761
宮　崎	756	686
滋　賀	806	605

他に栃木・岐阜・大分・熊本

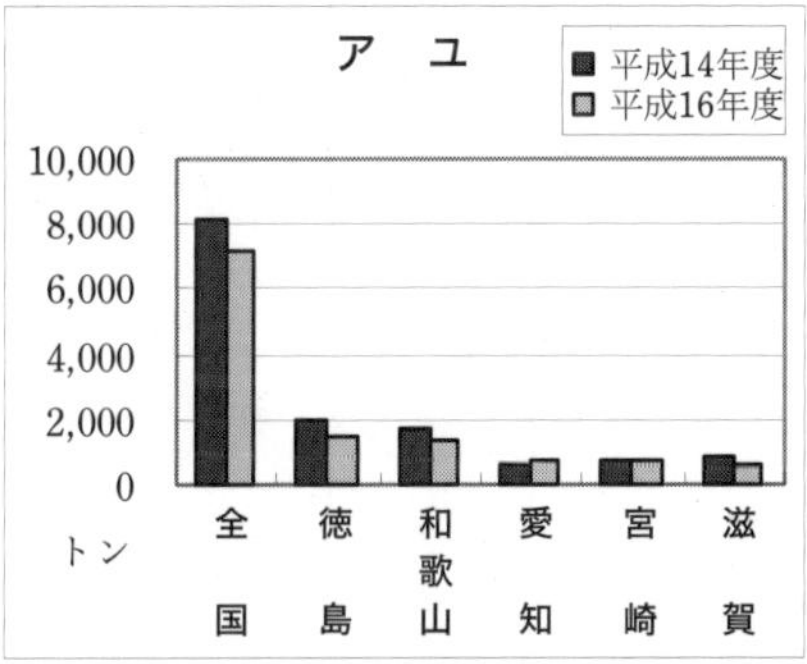

夏から秋にかけて、梁と呼ばれる仕掛けで落ちアユを漁獲し、その場で料理して食べると、はらわた（腸・内臓）の苦みが何ともいえず美味しい。人間にとって重要なビタミンやミネラルを豊富に含むはらわたは食べなくてはいけないと教えてくれているのでは、と思うほどである。焼いたアユの身にはらわたを塗り一緒に噛みしめると、えもいわれぬ旨味を感じて唾液が湧き出てくるようである。

アユはきれいな河川にしか棲息せず、とても高価で貴重だったことから、以前は誰にでも食べられる魚ではなかった。天然の稚鮎を漁獲して池に放養し、ドライペレットを砕いたクランブルを与えて育てるようになってから、誰にでも手が届く安くてポピュラーな魚となった。

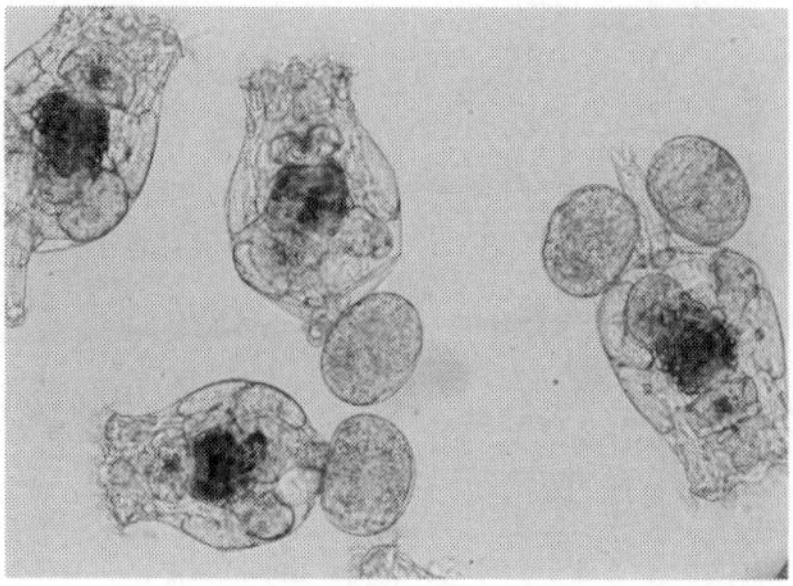

S型ワムシ

天然ものだととても高くて、漁獲シーズンのときだけしか食べられなかったのが、養殖魚だといつでも、しっかり大きく太ったサイズのものが、安く手に入るようになった。しかも生きた状態で流通させたり、さまざまな味付けに加工されて贈物としても届けられるようになった。養殖魚は、庶民にとって食生活を豊かにしてくれたものの代表であり、大変な貢献である。食べるときにはしみじみと養殖の有り難さを感じて食べてほしい。

アユは、日本で最も早く人工種苗生産が実用化された魚である。この開発技術は、その後の海産魚の種苗生産技術の普及につながっていった。人工ふ化の鍵は、ふ化した仔魚の食べる生物餌料のワムシや、アルテミアの安定した大量培養にあったが、研究開発の結果、これらの微少プランクトンが食べる藻類クロレラを、大量に培養できる方法が普及したことで、アユをはじめ数々の魚の人工ふ化を可能にした。現在でも海産や琵琶湖産などで天然の稚アユを漁獲して養殖しているが、年々獲れなくなっていることから、人工ふ化された種苗が養殖に多く使われている。

アユには二つの天然種苗があり、「海産稚アユ」という、海でふ化して遡上してくるものと、「湖産稚アユ」とよばれる、琵琶湖でふ化するものがいる。三〇万年前に琵琶湖が地殻変動で海と隔絶されたときに、海まで下ることができなくなったアユが、湖の中でふ化繁殖するようになったことがわかっている。

ワムシ培養装置

また、アユにはもう一つ別な種類がいる。沖縄や台湾に生息するアユで、熱帯産アユといわれ、日本本土で育つアユに比べると一回り小さいが、養殖するとしっかり大きくなる。絶滅が危惧されており、都市化する河川の汚染や乱獲により、自然に生息する数が減ってきている。

これら三種類のアユは同じアユではあるが、それぞれ遺伝子のアミノ酸配列が少しずつ違っていることがわかっているが、見た目や味には差がない。成長や肉質は、栄養と環境で決まるようである。成魚はニジマスより小さくてもたっぷり脂がのっている。しかし養殖アユは脂がのりすぎることと、独特の香りがない。

配合飼料が開発された当初は、「提灯病」という、背ビレの部分にぽっかり穴があいてしまう病気の問題があった。これは、生餌や配合飼料中の酸化した油のせいで、体脂肪の中の酸化物質が筋肉を壊死させ、皮が破れてしまうのである。そこを仲間のアユにつつかれて大きな穴となり、まるで背中に提灯を背負っているように見えることから名付けられた。

コイにも、壊死した筋肉部が縮んでしまい、背中がやせて見えることから名づけられた「背こけ病」という病気がある。以前は、養殖に用いられる生魚や、配合飼料に使われる魚粉の品質管理ができていなかったため、そして、魚が酸化脂質に弱いとわかっていなかったことから起きた病気であった。

アユは一年で死んでしまうが、成熟させないようにすると、死なずに翌年も成長を続け、ニシンのような大きさになる。これはこれで美味しいのだが、飼育期間が長くなると高くついてしまうため、実用化は遠いようである。最近、「冷水病」という疾病が冷水魚の間で広がっている。冷水魚が何でと思われるだろうが、栄養や環境の悪化などさまざまな問題が関与して、細菌性感染症やウイルスに感染し斃死が増えていると考えられている。

アユは、養殖ウナギやマダイなどに比べて、とくに酸化脂質に弱いことがわかってきた。したがって、魚粉の品質が悪いものでは育ちが悪く、病気を発生させることがわかり、ビタミン剤の強化と、原料や飼料の品質管理が始まった。

大学や国の研究機関でも、盛んに魚種ごとのビタミン要求量が調べられ、学会報告が盛んに行われるようになった。測定されたデータをもとにして、飼料中のビタミン必要量が、倍どころか一桁も多く設定され、余分なビタミンを飼料中に添加するという産業界の無駄と薬品メーカーの収益を後押しすることになった。そしてその後さらに、病的状態でのビタミンの必要量や、健康への予防的ビタミン要求量などといって、添加が不可欠であると提唱されたため、飼育環境にビタミンを大量にばらまく結果となった。

日本の養魚飼料は、平均すると六〇％が魚粉で、大豆粕と小麦粉が一〇～三〇％となっている。良質の魚粉が使われていれば、ビタミンやミネラルは添加の必要がなく、また蛋白質のアミノ酸バランスや脂肪酸の必須性など、何も心配が要らない。しかし、考慮しなくてはいけないのは、魚粉が蛋白変性や脱脂した不完全原料であることと、乾燥によって失われた栄養分や変性した酸化変敗成分の悪影響が未だ十分に解明できていないことである。淡水魚については乾燥飼料で問題なく育つが、海産魚においては、生魚餌料に勝てない部分が多く残されており、この問題については、養魚飼料の品質管理に注目する発端にもなった。

ニホンウナギの養殖

■ニホンウナギ 日本鰻 英名：Eel Japanese eel 学名：*Anguilla japonica*
ヨーロッパウナギ（フランスウナギ） 英名：European eel 学名：*Anguilla anguilla*

■ウナギ

（トン）

	平成14年度	平成16年度
全国	23,123	21,776
鹿児島	8,819	7,757
愛知	7,864	6,680
宮崎	2,485	3,215
静岡	1,998	1,880
徳島	467	589

他に高知・熊本・三重・大分

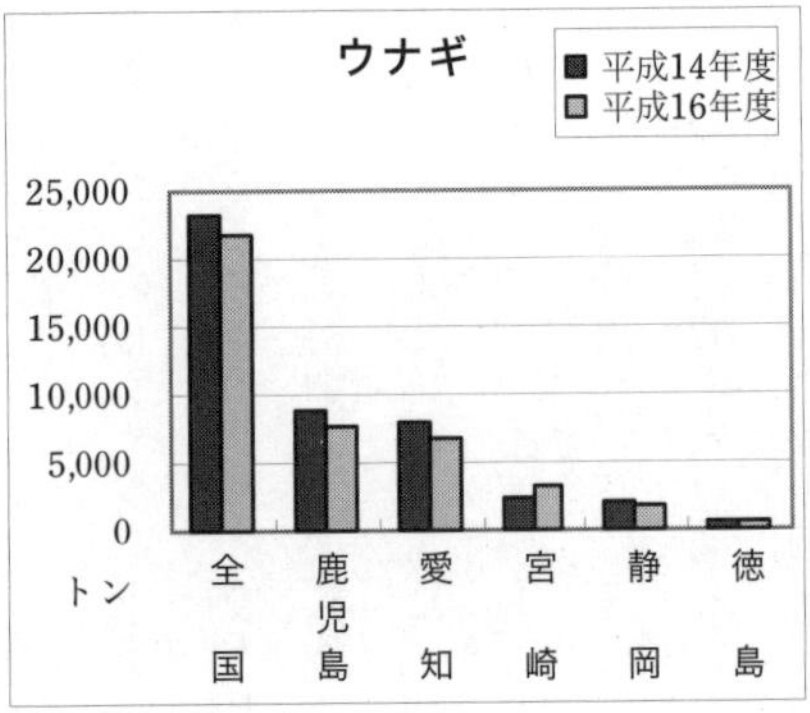

東海道新幹線の車窓から、浜松あたりで見えてくる大きな池は、ウナギかスッポンの露地池型の養殖場だが、今使われているところはほとんどなく、もっぱらその近辺に見られるビニールハウスの中で養殖されている。

ウナギの養殖統計を見

ると、明治以前に始まっており、静岡や愛知、三重で盛んになっていったと思われる。その後、水が豊富で温かい四国や九州に養鰻が導入され、鹿児島や宮崎が東海三県を凌ぐ主産地となった。

平成一五年度の日本の養殖鰻消費量は約一二万tで、この四〇年間で、ウナギの消費量は四倍に増えた。活ウナギが蒲焼き屋などで消費されたものが約四・七万t、蒲焼きや白焼きなどに加工されてスーパーなどで販売されたものが六・五万tと推計されている。加工鰻の内訳としては、中国から六万tが輸入され、残りは台湾からとなっている。

ウナギ養殖池

数年前から、中国や台湾からの輸入ウナギから水銀や農薬が検出され、そのたびに輸入が制限されている状況にあるが、現地では蒲焼き加工場で分析が行われ、安全が確認されてから輸出されるようになっている。政府も検査体制を強化し、有毒物質などが検出されれば、直ちに輸入を禁止する措置を講じるなどして、安全の確保に努めている。

中国や台湾では、日本への輸出を確保するために、寄生虫対策や細菌感染症対策のために使っていた水銀や農薬を使用禁止としたが、それらの指導が普及・徹底されるのにはしばらく時間がかかる。また、日本では使われていない農薬や、漢方薬などの分析に手間がかかったりすることから、問屋や養鰻輸出入組織とが連携して、安全確保に協力している状況にある。

ウナギの養殖が儲かることから、中国や台湾、韓国等で飛躍的に増産されるようになり、極東アジア海域に生息するシラスウナギ種（*Anguilla japonica*）が不足する事態を引き起こしたことがある。その対策として、世界各地から何種類もの別種のシラスウナギが輸入された。養殖可能なウナギは、「フランスウナギ」と呼ばれる欧州産のウナギ（*Anguilla anguilla*）だけであった。その結果、毎年五億尾以上の欧州産ウナギが日本や中国に持ち込まれ、その飼育技術が検討された。

国内では、夏場の高水温時に発生する「狂奔症」という、大量斃死を引き起こす疾病への対策がとれなかったため、フランスウナギの国内養殖は廃れてしまったが、中国では独自の低水温養生技術によって生産が続けられている。逃亡したり、放流したフランスウナギが、国産種に混じって日本各地の自然界にたくさん生息しており、問題となっている。

一九六〇年代に農業用園芸ハウスが導入される以前のウナギの飼い方は、十一月から翌春にかけて海から川に遡上してくるシラスウナギを漁獲し、十坪ほどの小さな砂底の池に収容して、春まで眠らせておく。暖かくなってきたら、川に繁殖するイトミミズを与え、餌付けをはじめる。エサのイトミミズを食べて大きくなるに従って、大きな池に移していき、生魚のミンチやイワシ、アジ、サバ等を大釜で煮たものを目刺しにして与える。今では見ることができなくなったが、何千坪もある池の餌場に、煮上げたエサの魚をワイヤーで目刺しに吊して運んでいき、それを水面に近づけると、とたんに水面が何十センチも盛り上がってくる。その様子を初めて見たときは、まるでピラニアが子牛に群れて喰らいついているようであり、思わず立ちすくんでしまったことがある。

かつては、大きな池だと何万坪もあり、池を総浚いすることもできずに、地引き網でウナギを取り揚げていた。そのため何十年も池を干したことがない養殖場も多くあり、そのようなところでは、追加原料と称して、稚魚サイズのウナギを継ぎ足して飼育していた。捕獲を逃れて何年間も生き延びて大きくなるウナギもおり、一kg以上にもなる「オオボク」と呼ばれる近寄りがたいようなウナギが生きていることもある。

最近では、一つの池の大きさは一五〇坪くらいに小さくなり、出荷直前に飼育されている尾

ウナギの摂餌

数は、一池あたり四万尾くらいとなっている。

養殖池は、働く人の作業性を考えて、腰の高さに造ってあるので、ウナギには人間の姿は普段は見えないようになっており、ちょっと脅かすと餌場から散ってしまう。昔の養殖池や沼では、国道沿いや人通りが結構あるようなところでのんびり飼われており、慣れていたのか、大型のトラックが通り過ぎても、エサを食べるのを止めることはなかった。

しかし、病気に罹っていたり、水質環境が悪化しているような場合には、ちょっとした人の動きや、物音などで餌場から散ってしまう。そのようなときは、顕微鏡で水中のプランクトンや、体表粘膜に付着している寄生虫を検査する。飼育水中のアンモニアや亜硝酸、溶存酸素について測定するのも大切な飼料販売の日常業務だったので、車にこれらの小道具を積んで、毎日何件もの養殖業者を訪問したものである。

給餌の仕事は、日の出前に準備し、日の出とともに魚に与える習慣となっていた。淡水池では、残餌や糞から発生するアンモニアや亜硝酸などの、ウナギにとっては有害な成分を栄養として、植物プランクトンを繁殖させて、光合成により酸素を供給させる仕組みで成り立っている。夜間は、植物プランクトンは酸素を消費するため、明け方頃には酸素が不足して、飼育している魚が死んでしまうことさえあった。太陽が出てくれば、植物プランクトンから一斉に酸素が放たれて、水中の酸素量は劇的に増えていくので、酸欠で鼻上げしているウナギや、斃死してしまったウナギがいないかどうかを確かめてから作業を開始する。

かつての、何千・何万坪もある養鰻池には、「憩い場」と呼ばれる三〇坪前後の小さな囲いが設けられて注水されており、ウナギは具合が悪くなると、ここに入ってくるようになっている。これを教えられたときには、先人の知恵に感心させられたものである。日本の養魚の技術発展の歴史は、名も残らない人たちの創意工夫で改善され、続けられてきたものである。海外の養魚場には、百年前と少しも変わらぬ設備と技術で続けられているところがあり、それはそれで驚きであるが、日本が世界の養殖をリードできる背景は、先人の知恵にあり、そのような例を海外の講演で紹介するとひどく感心されたりして、鼻が高くなることがある。

ベトナム、ナチャンの市場で取り引きされていた雷魚（Snake head）と田ウナギ

＊いつの世も、最後は袖の下＊

生餌を煮て与え、食べ終えると見事な骨格標本ともいえる骨のすだれが残る。かつて、池の給餌担当者（池番）は、池主公認でこれを肥料屋に売って小遣いにしていた。したがって、われわれが配合飼料を売り込みに行っても、池番はなかなか受け入れてくれない。池主の社長に働きかけたら、「まずは小さな池で結果を出せ」と言われて、テストを繰り返して認められ、その後一気に普及していった。もちろん、池番に対するリベートも必要であり、彼らには特約店の二次的な役割を担ってもらった。

ウナギ用配合飼料の価値が認められるようになり、売れるようになった。生産性が極端に上がり、ウナギの消費も増えて、以前はキロあたり六〇〇円だった活鰻相場が、やがて二〇〇〇円となっていった。その頃の養鰻業者は「わが世の春」だったに違いない。儲かった金で、土地や山を買ったり池を増築したり、あるいは立派な御殿のような屋敷を新築する人が大勢いた。

その様子を横目で見ていた飼料メーカーの先輩営業マンたちは、安いサラリーで働くより、資金があったら独立して、自分で養鰻経営をしたいと思っている人も多かった。ゴルフを始めたウナギ屋も多く、つきあわされた営業マンたちの中には、高価な道具を買ってもらったり、プレー代を払ってもらっていた人もいた。また、ある人は養魚場の娘と結婚したり、もとは漁師の出だが、都会でエサ屋になった人が故郷に戻り、養殖経営に乗り換えた人もいた。そのような人たちは、エサ屋の実態や販売方法を知っているため、後輩の営業マンたちは、彼らに養魚飼料を買ってもらうのに大変苦労していた。

時代の流れで、大金持ちになった人がいたり、その後の厳しい業界事情で廃業してしまった人もいた。地道にサラリーマンのほうが楽だったと言えるのかどうか、飼料業界も整理・淘汰の中で、苦労したセールスマンも少なくない。しかし、日本の養殖産業は、そのような人たちに支えられ発展したので、中国や東南アジアでの養殖事業の近代化の中で、彼らには大きな役割を果たすべく期待が高まっている。

配合飼料の普及とともに問題となったのが、養鰻池の水造りである。つまり、今まで生魚を煮て与えていたエサから配合飼料に切り替わったことで、成長性が改善されて飼育密度が増えため、酸素を補給する水車を増やしたので、植物プランクトンの種類や繁殖量、安定性が変わってしまったのである。

これに対して、ウナギの体表やエラに付く寄生虫や細菌感染症の発見、プランクトンの種類や繁殖状況を見て、換水や抗菌剤の投与などのアドバイスをした。また、工夫して作成した養魚日誌を池主に差し上げ、放養尾数や体重の記録、給餌量と斃死尾数などを記録させ、飼育管理システムを指導・普及させていった。毎日の訪問はできないが、記録を見ることによって池番と相談し、次の一週間の管理が指導でき、顧客と密着した飼料販売体制の基礎ができていった。今でも養鰻場に行くと三五年前に私が作った養魚日誌が使われ続けており、昔のことが懐かしく思い出される。最近では、コンピュータを使って記録する若手の業者も増えており、現在流通市場から要求されているトレーサビリティの導入に役立っている。

日本で開発されたウナギの養殖技術は、さまざまなルートを通じて世界へ輸出されていった。戦争責任が背景にあるのか、または儲かる仕事だからか、中国・台湾・韓国をはじめとして東南アジア諸国や世界各地へ、懇切丁寧な指導の下に養殖産業が強化・育成されていった。

＊夢とロマンの養殖事業？＊

一九七三年、台湾の統一企業に、ウナギ養殖と飼料生産の技術指導で一年間の海外駐在を経験する機会を得た。そこで飼料工場の品質管理や研究開発の基盤作りをし、また派遣先の経営陣や、一緒に働いた研究者・営業マンから多くのことを学んだ。その後帰国し、鹿児島で始まっていた養鰻場の建て直しを命じられた。住友商事と日清製粉が大隅半島で養鰻事業を始めており、数回の致命的な失敗の後だったので、その赤字経営を知っていた私は、即座に着任を拒否した。そのとき部門長は私の返事に驚き、顔を真っ赤にして大声で「出て行け！」とどなったため、私は部屋を出た。他の社員たちは私を呆然と見送っていた。誰もが私がクビになると懸念したそうで、夕方になってまた社長室に呼ばれたときは、私も覚悟を決めていた。

すると、部門長はにこりともせず、「立て直しが可能となったときには、赤字を増資で消すことを約束するから行ってくれ」との言葉。そんな言葉を聞くとは思っていなかった急展開に拒否もできず、「わかりました」と答えた。

私が鹿児島の串良町にある養鰻場に赴任したのは、昭和四七年のことであった。その前後から景気が上向き、多くの企業が養殖事業に乗り出してい

ウナギ立て場

た。結果がどうであったかは、いずれの企業も現在は事業を継続していないことを伝えるだけでわかるだろう。

失敗の原因として二つの理由があげられる。一つは、生き物を扱うことが大手企業サラリーマンの勤務形態には無理があったこと。もう一つは、養殖生産物の値段は予測がつかず、変動の大きいものであるということ。

ウナギ相場が変動するたびに、現場を知らない経営陣は、出荷もしていないのに「儲かった！」とか「損した！」とか大騒ぎになる。日清飼料本社水産課に勤務していたときに、企業からの養殖ビジネス参入の相談窓口を担当していたのだが、このような企画は、まず経営者のロマンに始まることが多い。夢のある仕事として発想し、儲かるに違いないと考えて起業するのだが、そこには確たる約束がないことも事実なのである。

養殖ビジネスは、誰もやっていないことを一から始めるような話である。参入する社長たちは、先祖代々養殖事業をやってきたわけではないので、そこには技術や経験が伝承されていないので、ほんの少しの技術知識があるだけで「専門家」と呼ばれる人が指名され、養殖事業の絵を描くことになる。そして、当然のごとく利益が想定され、生産量や販売価格はすべて推定で、そこには損する計画が組み立てられることはない。次に、その事業を左右す

ウナギ養殖に使われる加温式ボイラー

る池設備が設計され見積もられる。そこでも、養殖池を実際に造っている専門の会社でなく、さまざまなしがらみによって、最適はでない設計や設備の見積もり書が出てくることになる。この時点で冷静な判断ができ、これは無理だと思い断念すればよいのだが、ロマンに後押しされた企画は、高い初期投資を十分に吸収できるはずのバラ色の生産計画となる。

最新の高価な設備が導入されれば、現在の生産性をしのぐ、より優れた結果が出るはずだと信じ込んでしまう。しかし、歩留まりや飼料効率、成長スピードなどは、あくまで仮説の数値であり、失敗した人に後で話を聞くと、「なぜ、あのとき、あんな馬鹿げた数値を信じてハンコを押したのか・・・」と嘆いているのである。今から養殖事業を手がけようと考えている人は、是非再考してから結論を出すことをお勧めしたい。

現在では、生産性が確立された池設備や飼育管理が伴っていない時点では、FS：feasibility study（フィージビリティ・スタディ）が行われることになっている。訳すと「企業化下調べ」と言う。これは、その計画が実行可能で、採算性が予定通り得られるのかどうかを検討することである。多くの技術系企業で、理論武装だけはしっかりしているが、養殖ビジネスは成果の保証が確実ではないことに気付かず、まるで時計や自動車を作るように、原材料を準備したら間違いなく決まった製品ができ上がるかのように考え、事業化に踏み切ってしまう例があった。

地下水の温度や水質、気温によって成長がどうなるのか、小規模のテスト飼育をするように勧めてみても、自分たちのもつ科学的知識や工業化技術が、既存の養鰻家よりはるかに優れているという自負が邪魔して、ほとんどの企業はいきなり事業化に踏み切ってしまう。彼らにしてみれば、会社の運営経費に比べれば、ほんのわずかな資金負担でしかないのだろう。テスト飼育を実施した企業でも、問題点が明らかになったところで、計画の見直しをするところはほとんどなく、飼育管理の改善で何とかなると判断していた。手直しの必要性を認識しても、事業の修正には取締役会で承認される必要があり、その審査がまた大変で、見切り発車となってしまった例もあった。

また、養殖魚がいくらで売れるのかは、そのときになってみないとわからないのだが、事業化を企画しているときには高く販売されていることが多く、多少売値が下がったとしても、繊維会社や金属会社のように、利益率が数パーセント台の企業からみると、三〇％前後の利益率が計上されている実態に舞い上がり、参入してしまうのである。今でも、養殖魚の値段は季節ごとに大きく変動し、全体としては年々低下している。

ロマンではじめた仕事は、もう一つの現実に打ちのめされてしまう。ウナギ養殖の種苗であるシラスウナギの価格が、安いときは一キロあたり二万円もしなかったのに、養鰻生産が台湾や中国・韓国などで増加し、年間一〇万t以上も生産されるようになったため、天然漁獲に頼るだけのシラスの値段がキロあたり一〇〇万円以上となった年が何度もあった。以前なら一匹四円だったのに、需給のバランスが崩れて一九七二年には一匹二〇〇円以上となってしまったのである。誰も予測できなかった値動きであり、活鰻相場がキロあたり二〇〇〇円以上のときは、それでも何とか経営が成り立ったのだが、多くの企業の参入や世界各地での増産により、相場は一二〇〇円／kgにまで冷え込み、結局赤字撤退を余儀なくされてしまったところも多かった。

しかし朗報もある。そのような撤退企業の中で、飼育を担当していた人たちが、退職して事業を引き継ぎ、苦労の末に、立派な養鰻場の主となっている人たちがいる。もし、今から養殖ビジネスを始めたいという人がいたら、必ずこのような人たちの苦労話を聞いてから、ビジネスプランを練ることをお勧めする。

成功した後にも、乗り越えなければならない苦難の壁が押し寄せる。最大の問題は病気である。露地池での粗放的養殖では、年ごとの出荷販売の生産量が安定しないので、低下する活鰻相場を乗り切れなくなり、ビニールハウスでの加温養殖に切り替えることで、単位面積（一坪）あたりの取り揚げ量を増やす。そうすると飼育密度が高くなり、当然のこととして多くの疾病が繰り返し発生するようになる。密飼いされることから、ウナギどうしの接触頻度が増えて寄生虫が蔓延するのである。このような問題に対しては、適度な飼育水の換水と薬浴や、取り揚げ分養することで解決されるようになったが、細菌性感染症やウイルスの被害は甚大なものである。

細菌性疾患については、早期発見と、抗生物質の最適な選択を可能とする「デスク感受性テスト」によって、生産者やウナギへの負担が少ない、最小限の薬剤投与で解決できる方法が開発された。

しかし、水質の悪化対策が不完全であると、再発する。残餌や糞の除去、老朽化して浄化力の低下した池環境の回復が鍵であるが、ヘドロ除去のための換水で、必要となる加温のための重油代が、生産コストの二〇％以上となる事態も発生した。病気対策として、毎日の換水は不可欠であるが、生産コストの高騰は利益を減らしてしまう。

水質管理において、浄化力のある濾過層を設置して、新鮮水との交換率を下げる試みが工夫されるようになった。浄化技術は、宇宙空間で排泄尿を飲料水に替えるというレベルまで到達しており、あとはコストと、汚れた濾過層の洗浄が簡単にできるかどうかである。

これまでは、透明なビニールハウスで、植物プランクトンやバクテリアの繁殖を促進して、有害なアンモニアや亜硝酸を無害化するシステムだったのだが、その植物プランクトンもヘドロ負荷となることから、濾過層への目詰まりは毎日の給餌量を超える量となる。

一〇〇kgの粉末配合飼料を、一二〇ℓの地下水と餌料油脂二〜五kgを加えて練り上げ投与すると、池環境が優れ、飼養管理技術が高ければ飼料効率八〇〜一〇〇%の成長が得られる。しかしこのような飼育環境でも、毎日発生するヘドロ量は一〇〇〜二〇〇kgになる。

粉末飼料一〇〇kgから、完璧な栄養バランスが設定できれば、理論的には二五〇kgのウナギの増重となる。エネルギーとして燃やされ、アンモニアや炭酸ガスとして空気中に排出される部分もあるので、水分九〇%以上のヘドロが平均一五〇kg発生し、分解産物である窒素やリンなどは、植物プランクトンの栄養として繁殖を助け、魚が育つのに適した水質を維持する仕組みとなっている。

濾過層への負担を減らすには、この水分九〇%のヘドロや残餌、糞を、固形物の状態で沈殿・

分離して排出するのがよい。ほとんどの養鰻池では中央排水装置が導入され、汚れが取り出されるようになっている。この汚れをそのまま捨ててしまうために、用水の一〇～二〇％がそのまま捨てられ、その後冷たい新鮮水を入れるので水温が下がり、それを重油ボイラーなどで加温しているのである。

最近の養魚施設では、熱交換器が採用されるようになり、排出される三〇℃前後の汚水と、一七～二〇℃の地下水とを熱交換して、注入水の温度を二四～二六℃としている。一台の価格は数十万円もするが、すべての池に導入している養鰻場も少なくない。ただし、この熱交換器にはポンプが必要なので、電気代についても考慮する必要がある。

排出された汚水やヘドロ水を、以前はそのまま川などに流していたが、それぞれの県で条例が整備され、最終処理池の設置と水質の基準を満たすように義務付けられており、公害発生が防がれている。それでも、太陽光を利用した植物プランクトン繁殖型の池では、ヘドロの発生や分解物の発生が多いので、濾過槽の能力が対応しきれないことがある。このため、より効果の高い濾剤や、濾過槽の形状の研究開発、換水率ゼロの循環濾過型の養殖池などの開発が進められることであろう。そのほかに、植物プランクトンの繁殖に頼らない、真っ暗な覆いで飼育する暗所循環濾過方式があるが、両者一長一短あり、まだまだ改良の余地があるようである。

ウナギは泥から生まれてくると考えられていた時代もあったが、今日では、産卵場所は北緯一五度、東経一四一〜一四三度前後の、四〇〇〇m級の海山と推定されている。東京大学の塚本教授らの調査が続けられており、そのうちテレビカメラで、ウナギの交尾や産卵風景が見られることになるのではないかと期待している。

大学や水産研究所の研究者たちが、競って開発してきたおかげで、ウナギも人工ふ化ができるようになり、ふ化直後のプレレプトケファルス、レプトケファルスから稚鰻までの飼育にも成功した。「下りウナギ」という、内陸の川や沼で大きく育った親ウナギが、産卵のために川を下って海に戻っていくが、このウナギを捕まえて、ホルモンを注射することで、産卵・受精に世界で初めて成功したのが北海道大学である。その後、東京大学や養殖研究所、愛知県の水産試験場などでも成功したのだが、エサの摂取が悪く、ふ化後数日で斃死していた。そこに、一九九一年夏に、東京大学海洋研究所の夏の観測船が曳いていたプランクトンネットにレプトケファルスがかかり、冬場に親ウナギが南の海域で産卵すると考えていたのが間違いであることがわかった。それからは、夏にふ化実験が行われ、産卵率も向上するようになった。二〇〇六年にはプレレプトケファルスの耳石から、ふ化は六〜七月の新月の夜、場所はマリアナ諸島の西二〇〇マイルにあるスルガ海山であることが解明された。

しかし、相変わらずプレレプトケファルスの満足な摂餌は得られていなかった。ワムシや貝類の幼生など、餌料生物を食べさせることには成功していたが、消化吸収が満足に進まないことから、延命日数も数日から数週間にのばすのがやっとであった。さまざまなエサを試し、サメの卵をすり潰して与えてみたり、飼育環境をきれいに保つためのガラスボウルタイプの飼育装置や、汚れの排出方法、サイフォンを用いた分養技術などが開発され、ついには二〇〇日以上の生存に成功した。

私も飼育設備を案内してもらったことがあるが、小さなレプトケファルスが、円柱状の飼育容器内を逆さになって立ち泳ぎしているのを見たときには、たくさんの苦労の成果なのだと感激したものである。

さらに、栄養の研究が進み、念願の稚鰻への変態が可能となった。何百億、何千億尾のふ化仔魚の中から、たった三匹、生き残らせることに成功した稚鰻を見ることができた。彼らが大きく育って、次の世代を産んでくれれば、完全養殖まであと一歩である。人間の管理下で育つウナギは、より飼いやすく、病気にも強い子孫を産んでくれるに違いない。何年か後には、このウナギの子孫が世界中の食卓に上っているかもしれない。

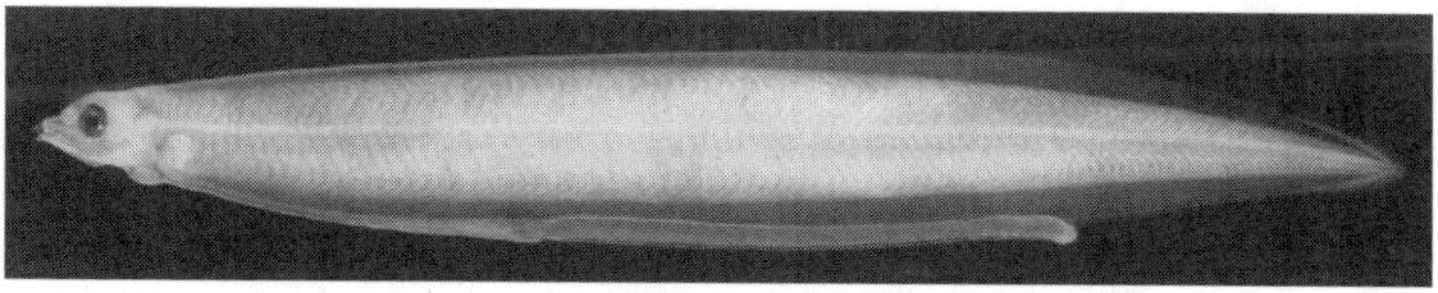

レプトケファルス

（独）水産総合研究所、養殖研究所、田中秀樹先生提供

現在考えられているウナギの生活史

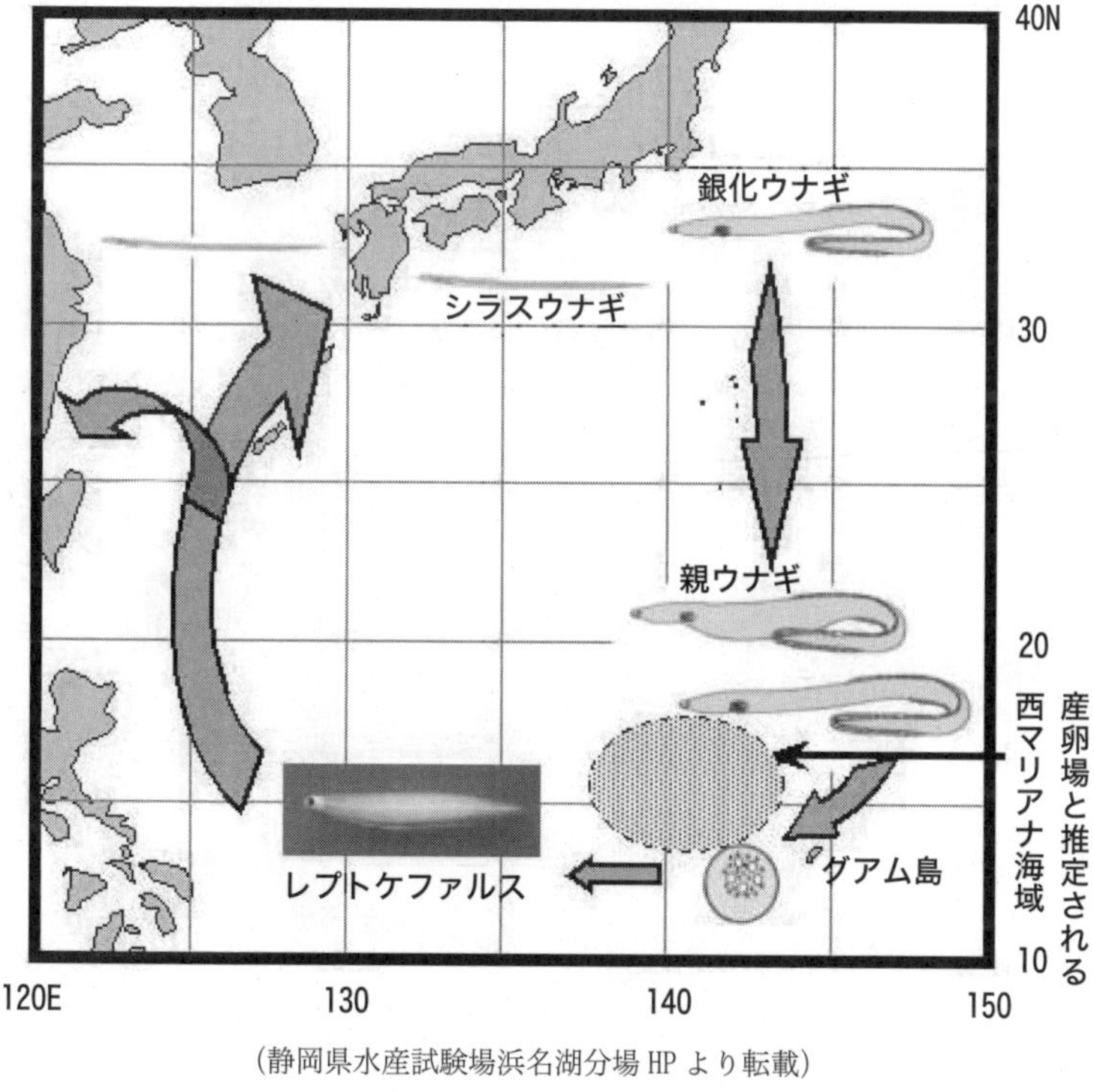

（静岡県水産試験場浜名湖分場 HP より転載）

＊よりおいしく、より安くを目指して＊

ウナギやブリは、人工ふ化はできたものの、まだ何代も続けて継代できていないので、馴致には毎年苦労する。マグロを三代続けて継代した、近畿大学の熊井先生たちの産業界への貢献度は、金額では表せないほど高いものである。完全養殖されたマグロが全国に広まり、疾病や水質環境の変化に強く、そして肉質も優れたクロマグロとして、世界中の人が味わう日が来ると考えたら、熊井先生たちの苦労が報いられることだろう。

日本の養殖技術開発のもう一つの快挙としてあげられるのが、ウナギの人工ふ化を成功させた養殖研の田中先生たちである。「三代継代することができたら、ウナギ養殖はもっと簡単になる」と、叱咤激励されている。

ブリの養殖

■ブリ　鰤　英名：Yellowtail　学名：*Seriola quinqueradiata*　（モジャコ、ハマチ）

67　ブリの養殖

■ブ　リ

（トン）

	平成 14 年度	平成 16 年度
全　国	153,072	150,028
鹿児島	48,512	55,524
愛　媛	25,849	29,202
大　分	—	13,698
香　川	17,390	11,087
長　崎	11,655	10,746
高　知	—	8,303
宮　崎	12,803	8,274
熊　本	—	7,426

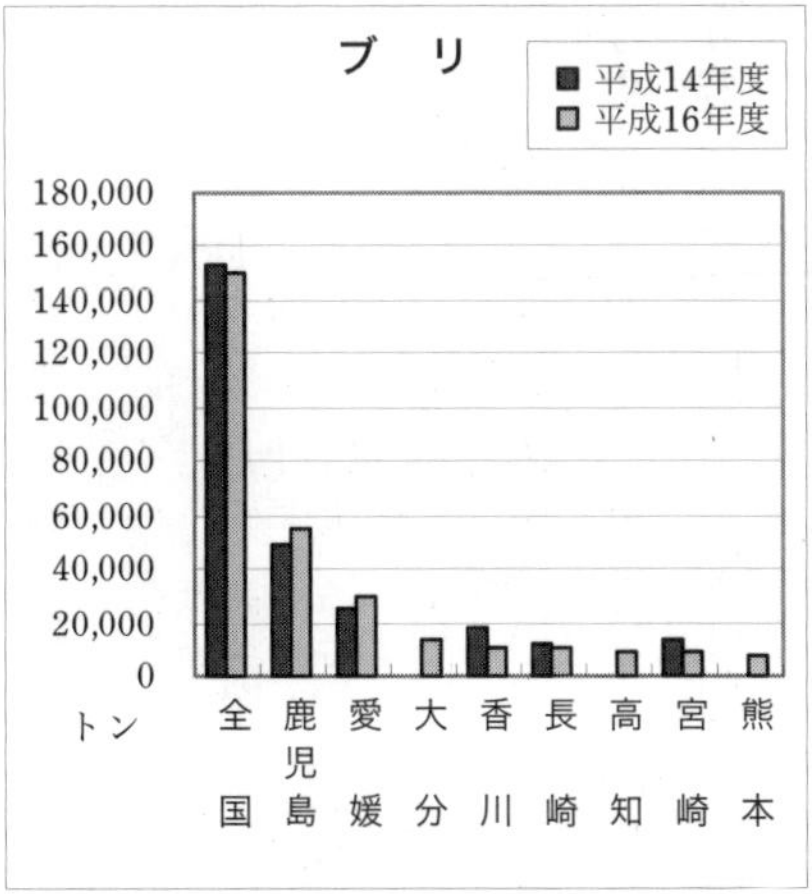

ブリは日本の代表的な海産養殖魚で、約一五年前には年間一七万tの生産量で、世界で最も多く養殖されている魚であった。

ブリ養殖の課題は、種苗である天然のモジャコを五月から七月にかけて漁獲し、餌付けして育てるので、ウナギのシラスと同様、不漁で入手が困難なときは稚魚代は何倍にも高くなり、逆にモジャコ好漁のときには稚魚代が安くなるものの、成魚のブリの消費需給が不均衡とな

カンパチ

り、収益が出ないほど安い相場になってしまうという、生産者泣かせの相場が繰り返されることである。また、過去に何度も病気で死んだ魚の写真がセンセーショナルに雑誌に掲載されたり、農薬や重金属汚染の心配が指摘されたりしたために消費が低迷し、ブリの養殖業者軒数は一九七八年には四一六二軒だったのが、二〇〇四年には一〇四九軒にまで激減してしまった。

ブリは切り身の商材として市場で流通し、庶民の生活にとけ込んでいる。日本のブリ養殖生産量は、最大時、天然漁獲と合わせると二四万t以上であったが、経済不況により、二〇〇三年には一四万tにまで減ってしまった。しかし、ブリ科の兄弟であるカンパチの養殖が成功し、その肉質がシマアジにも負けないほどしっかりしていることが人気を呼んだ。

カンパチは、低温貯蔵中の血合いの変色があまりなくて、肉質が軟らかくなる速度が遅く、ブリが活け締め後三日で刺身としての価値を失うのに対して、カンパチは四日以上変質が進まないことが、寿司屋や活魚料理店などで取り扱いやすい商品として評価され、今ではブリ市場の三五％を占めている。

このような話をすると、長く保蔵されたカンパチを気持ちが悪いという人が出てくるが、しばらく低温で熟成したほうが美味しく食べられる。エキス成分が適当に筋肉中に増えてきたときが最も美味しい。冷凍保存すれば家庭でも数週間は日持ちし、色が落ちるので刺身などの生食はできないが、照り焼きや汁の具にするにはまったく問題ない。

魚の冷凍保管技術の進歩は驚くべきもので、マイナス七〇℃に保ったり、塩水による前処理などにより、一年以上保存していたものでも鮮度が保たれており、新しいものと見分けがつかない。

エクアドルのカンパチの池中養殖

養殖ブリについては、酸化による肉色の変性を抑制する目的で、飼料中にビタミンCやビタミンE、アスタキサンチンなどの色素類を混合しておくことで、活け締めし切り身にしてからの暗赤色化を抑えられる。自然界ではこれらの栄養成分をしっかり摂取しているのであるが、養殖環境下では、体成分中の抗酸化天然成分が消費されやすく、空気の接触により筋肉色素や体脂肪成分が酸化・変色することがわかっている。

ちなみに、魚の切り身に、酸化防止剤を添加したり、一酸化炭素にさらしたりすることで肉色をきれい見せることが可能であるが、変敗の進んだ魚の肉さえもきれいに見せるようなことにもなりかねない。このようなことは消費者を欺くだけでなく、食中毒にもつながる恐れがあるので、絶対にしてはならない。

マダイの養殖

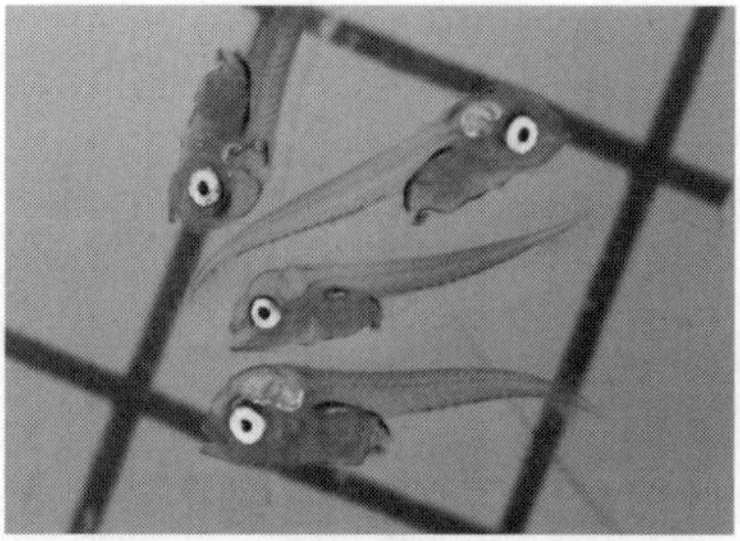

マダイ仔魚 21 日令

■マダイ　真鯛　英名：Red Sea Bream　学名：*Pagrus major*

古代から日本人に最も愛でられている魚がマダイであることに異論を唱える人は少ないだろう。ところが現在では、その八割以上が養殖生産で、天然漁獲が二割以下と聞くと、ますます天然物が貴重に思えてくると思う。しかし、天然マダイの偽物扱いされていた養殖マダイも、今では天然物に劣らぬ身質や体色を備えるようになっている。適正な栄養と適正な飼育によって、適度に脂ののったマダイは、旬を外れた天然マダイよりもはるかに美味し

■マダイ

（トン）

	平成 14 年度	平成 16 年度
全　国	71,996	80,959
愛　媛	28,967	37,972
熊　本	8,558	9,572
三　重	9,093	7,622
長　崎	7,358	6,448
高　知	4,543	6,225

他に和歌山・大分・佐賀・香川・静岡・宮崎・鹿児島

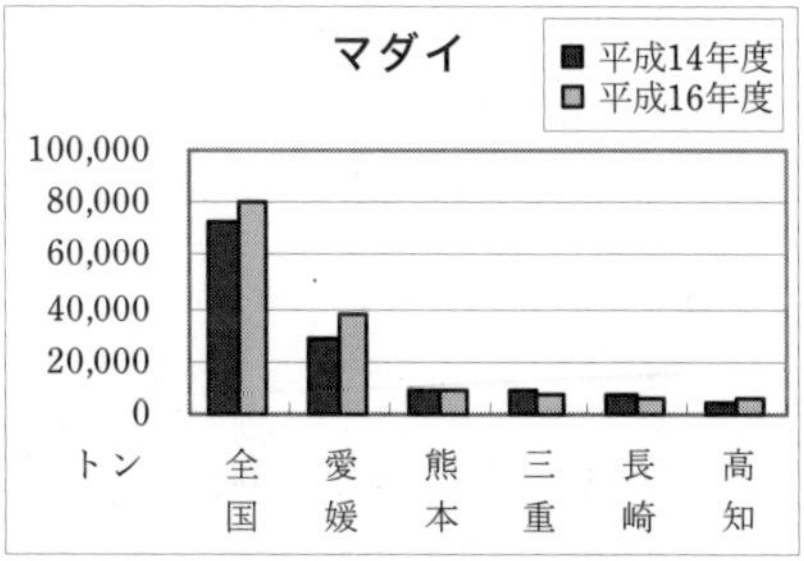

く安いことは、研究開発してきた人々と、まじめに養殖に取り組んで育て上げてきた漁師たちの讃えられるべき成果である。

マダイの飼料については、日清製粉グループのオリエンタル酵母（株）が、ニジマスやコイに与えていたドライペレット（DP）製造技術を基盤として、マダイへの栄養研究を繰り返し、飼料中の蛋白含量を五五％以上と高くすれば、最大の成長が得られることがわかっていたので、高蛋白質含量の魚粉を配合してペレットを作り、販売していた。

養魚用ドライペレットの製造方法は、魚粉や大豆粕、小麦粉などの粉末原料を計量し、微粉砕してから、微量のビタミンやミネラル混合物を加えて、均一になるまで撹拌・混合する。

次に、ペレットマシーンといわれる造粒装置で圧縮しながら、ダイという成型穴を通して押し出していき、直径が一～二〇mm、長さは直径の一～一・五倍ほどにカットしたペレットができる（鉛筆の芯の太いものを想像してほしい）写真。これには、まだ水分が一二％前後も含まれているので、流通中にカビが生えないよう熱風乾燥機にかける。熱を冷ましてから、篩《ふるい》を通したドライペレットを、二〇kgの紙袋や三〇〇～五〇〇kgの布袋（コンテナバックCBとかトランスバックTBなどと呼んでいる）に入れ、養殖地域の倉庫や、養殖生産者に直接運ぶ。大型養殖業者の中には自動給餌設備があるので、飼料工場から大型のタンクローリー車で顧客のタンクまで運ぶこともある。

マダイ活け締め延髄切り

＊魚の顔を見たら〇×△＊

一九九二年に突然転勤を命じられた。それまでは埼玉県入間郡にある日清製粉の中央研究所で、淡水養殖向けの配合飼料を研究開発していたが、そこでは海の魚の研究開発は困難であることから、九州での業務拝命となったのであった。

ドライペレット製造試験機

九州に赴任してから、大手の養殖業者を訪問し、海産養殖の実態を調査していった。

五島の玉之浦では網生け簀を二〇台から三〇台もつなげ、一人で管理していた。木枠に相互に固定された網生け簀の上には、一台ごとに自動給餌機が備え付けてあり、船で筏まで来ると発電機を回し、ドライペレットを詰め込んだ給餌機の下部に備えたローターを回転させるとエサが落ちるようになっている。その間、給餌管理者は一台ずつ摂餌状況を見て回り、エサを食べなくなった筏の給餌機は電源を切り、他の筏ではタンクにドライペレットを補充する作業に追われていた。

この、魚の顔を見る作業がとても大切で、養魚日誌に、毎日の斃死記録と給餌記録に加えて、摂餌状況の良し悪しを○×△で記録するように指導した。ひと月に一回しか訪問できないので、△や×が続いた筏のマダイは、その理由を検討するように営業担当者にも指示してあった。

給餌が多すぎたり、疾病に感染していたりとの判断が確実にできるようになり、細菌性疾病に対しては抗生物質の薬剤感受性テストを実施し、薬剤の選択や適正投与の相談にものった。この時代には問題になっていなかった、ホルマリンや過酸化水素水、農薬による薬浴などについても指導していたが、

マダイ氷締め

活魚出荷の三カ月前には危険な投与や薬浴は絶対にしてはいけないとの指導も徹底した。

自動給餌機とドライペレットの導入が、一軒あたりの生産性を一気に数倍に増やしていき、福岡で営業を始めたときには年間五〇〇〇ｔ弱の販売量であったのが、三年目には一万四〇〇〇ｔを超えた。

また、生魚餌料のイワシやサバが安く豊富だったことから、生魚と混合して造粒するモイストペレットの研究開発を進めた。埼玉県の研究所では、アイデアは浮かんでもテストする場所がなく、実現にはほど遠かったが、九州では福岡や鹿児島にあった飼料工場でさまざまな配合を試作してもらい、養魚場に持ち込んでは飼育データをまとめていった。

在庫管理に始まり、中間時点での飼育魚のサンプリング分析を繰り返し、取り揚げまでのデータを一人で二カ所も三カ所も担当してデータを取りまとめていった。また、地域の水温や気温などの環境データと、マダイやブリ、アジなどの基本的な成長モデルが、着任後二年を過ぎる頃には一通り揃った。顧客や水産試験場などに記録されていた過去の水質データや、地域ごとの疾病の発生時期、赤潮や淡水塊の侵入による被害状況の記録なども入手することができた。

日清製粉（株）マダイ用
飼料体系見本帳

日清製粉（株）ブリ用
飼料体系見本帳

これらの情報を整理し、三年目には顧客ごとの生産モデルを提唱しながらの営業が可能になり、売り上げを大幅に伸ばした。お世話になった営業マンや顧客、そして水産試験場の皆さんに感謝している。

養殖魚の場合、畜産と比較すると魚種が多いというだけでなく、成長の幅が大きく、〇・二gから一〇kgにもなり、また一つの飼料メーカーが販売する養魚用配合飼料の銘柄数も、一魚種あたり五〇以上となるので、製造販売しなければならない飼料も数が多くなる。二つの飼料体系を写真に示したが、成長とともに、与える顆粒・クランブルドライペレット・エクストルードペレットなどの選択と飼料のサイズを頻繁に変えていかなければならない。

とくに日本の四季は、温水性魚類にとって越冬と

試験飼料製造機

いう一大イベントがあり、南北に長い日本列島の東部海域と西部海域とでは、同じマダイでも違った飼育方法となる。また、季節によっても、与えるべきエサの栄養成分は大きく異なる。養殖生産者の筏によっても、種苗の導入時期による成長の違いがある。

　周年出荷を目指す生産者は早く大きくするマダイと、ゆっくり飼育して遅く出荷できるマダイを育てようとする。マダイに適切な栄養を考えると、これから冬を迎えるために脂をため込む秋の稚魚には、低蛋白・高脂肪のドライペレットを選択すべきだし、越冬明けのマダイ稚魚には、高油脂飼料は避けて、消化のよい高蛋白・低脂肪のドライペレットが与えられなければならない。理論はわかっていても、養魚飼料を作るほうも、その飼料を購入して与えるほうも、さまざまな種類の飼料製造や、その飼料の選択、在庫管理に多大な苦労を強いられる。

　飼料造粒機を連続して運転すれば、一日に二〇tも三〇tも作れるのだが、何回もラインを切り替え、何種類もの銘柄を造粒しているため、一日に一〇tも製造できない。こうして飼料の製造コストが上がってしまうのだが、販売競争に生き残るためには仕方がない。

魚が小さいときほど蛋白質の造成が必須なので、飼料には良質の魚粉を可能な限り多く配合したいのだが、ペレットマシーンできれいに造粒するには、魚粉や大豆粕、酵母などの粉末原料をしっかり固める必要がある。ドライペレットが砕けたり、粉がたくさん発生してしまっては困るので、粘結剤として、また主要な炭水化物源として、小麦粉を二〇％前後混ぜる必要がある。したがって、魚粉をどんなに多く配合したくても、七〇％以上にはできないので、稚魚期のドライペレットは、蛋白含量が五〇％強である。

一〇gくらいまでの稚魚期は、成長も飼料効率もよいので、十分食べさせて丈夫な消化系を保持させることが、成魚まで健康に大きく育てるコツである。この時期の飼料は、成魚用飼料の二倍以上もする価格ではあるが、よい品質のものを選んでほしい。もっともこの時期のエサ代は、どんな魚であっても生涯必要なエサ代の三％程度でしかない。

しかし成魚用飼料では、低迷する養殖生産物価格に対応するために、より安いものが要求されている。そこで、値段の高い魚粉に代替できる原料として、大豆粕や酵母類、チキンミールなどの肉粉、フェザーミールなどが研究開発された。そして、魚の成長に必要なアミノ酸バランスや油脂などの研究によって、魚粉や魚油の半分までをそれらの原材料で代替することが可

マダイ養殖筏と取り揚げ

能となった。

　ＢＳＥの問題から、反すう動物由来の原料は使用禁止になった。養魚用飼料では、世界中から購入している原料ごとの安全確認や仕分け問題について、行政や大学研究機関で詳細に検討されている。現在、反すう動物由来でない肉骨粉や、フェザーミールというものがあるが、どこのメーカーも実際に配合しているとは聞いていない。これは、風評被害を恐れているからに過ぎない。世界で、何千万トンもの肉骨粉やフェザーミールが生産され、焼却処分を待っている。食糧不足が世界の最重要課題になっているときに、戦争など早く止めて、そのお金をこれらの原料が安全に活用できる研究に使ってほしいものである。

　マダイは「魚の王様」とも言われるほど、見た目の赤色が日本人には「めでたさ」を感じさせ、サバの「生き腐れ」の反対で、「腐っても鯛」と呼ばれるほど身持ちがよい。ほどよく脂ののったマダイを刺身にして、ワサビと醤油をつけたときに滲み出す脂分がたまらなく美味しい。焼いたり煮たりしたマダイの肉質は、しっかりして歯応えがあり上品で、その旨みは他の魚と一線を画している。

養殖マダイは日焼けすると黒くなるために、池を寒冷紗で覆い、また餌料として、マダイ特有の赤色を保つために、色素原料となるアスタキサンチンを含むエビや、藻類、酵母、細菌から抽出した色素を与える。一kgのマダイを作るのに、この色揚げにかかるコストは一〇〇円以上である。二〇〇三年には、マダイの生産者池揚げ価格が五〇〇円／kg台となってしまったが、これではとても採算がとれない。

マダイの外皮の色素であるアスタキサンチンは、多くの魚類の健康維持に大きく働き、産卵ふ化の際にはアスタキサンチンが紫外線の害や、酸化変敗の悪影響を抑制し、質の高い卵が得られることがわかっている。人間にとっても、このマダイの皮を摂取することは、健康のためにビタミンCの錠剤を飲むよりはるかに価値がある。銀ザケの筋肉の赤い色も、アスタキサンチンである。

海産養殖魚には、高度不飽和脂肪酸がたっぷり含まれている。

取り揚げマダイ成魚

高価なビタミン剤や精製されたＥＰＡ、ＤＨＡを購入して摂取するよりも、週一回、いや月に一回でもよいので、魚を食べたほうが、安くて美味しく、貴方の荒れた肌を昔のようなきれいな肌に戻してくれる。どのくらい昔に戻れるかはさだかではないが、今よりはよくなること請け合いである。

色揚げ試験中のマダイ

種類が違うが、地中海にヘダイという見かけがマダイとよく似た魚がいる。二〇〇ｇ前後で食べられることが多く、養殖尾数は日本のマダイより多く生産されている。日本食文化の導入が急速に進むにつれて、海外でも回転寿司や寿司バーが増えている。それらの店ではマダイの刺身をメニューに載せたいのだが、ヘダイでは肉が軟らかすぎて、刺身としては使えないという。マダイによく似た魚を養殖して、日本のマダイと同じように体表に赤い色を付けるという研究が始められている。

赤色は、天然色素であるアスタキサンチンを中心に、さまざまなキサンチン色素や、黄色系のカロチノイド色素から構成されているが、浅い網生け簀で飼育されているマダイは、紫外線を浴びて、赤や黄色の色素だけでなく、黒色のメラニン色素を体表に蓄積してしまう。

また養殖マダイの欠点として、ウロコが剥がれやすい、目が白濁する、肉質に透明感がなくなるなど、天然魚と決定的な違いがあったが、飼料栄養の研究や飼育方法の改良によって、刺身で食べても焼いて食べても、天然マダイと差がわからないほどになった。それなのに、高級料亭ではなぜか、「当店では天然マダイを使っています」と、言わざるを得ないのである。はじめに、養殖マダイが天然マダイの偽物として取り扱われた歴史に問題があったと言える。

ギンザケの養殖

■ギンザケ　銀鮭　英名：Silver salmon , Coho salmon　学名：*Oncorhynchus kisutch*

ギンザケは、秋に卵やふ化稚仔魚をカナダやアメリカから空輸している。淡水池で一年間飼育するが、設備はニジマスと同じで、三〇坪から二〇〇坪の中央排水方式の円形池か、長方形のコンクリート池で、地下水や河川水の取水による流水で飼育されている。一年後には一〇〇～一五〇gに育った養魚が、銀色の「スモルト」と呼ばれる、淡水から海水での生活に対応できる降海型の魚体となったところで、海上の網生け簀に移送され、それからさらに約六カ月以

■ギンザケ

（トン）

	平成 14 年度	平成 16 年度
全　国	11,616	9,607
宮　城	11,572	9,586

他に岩手

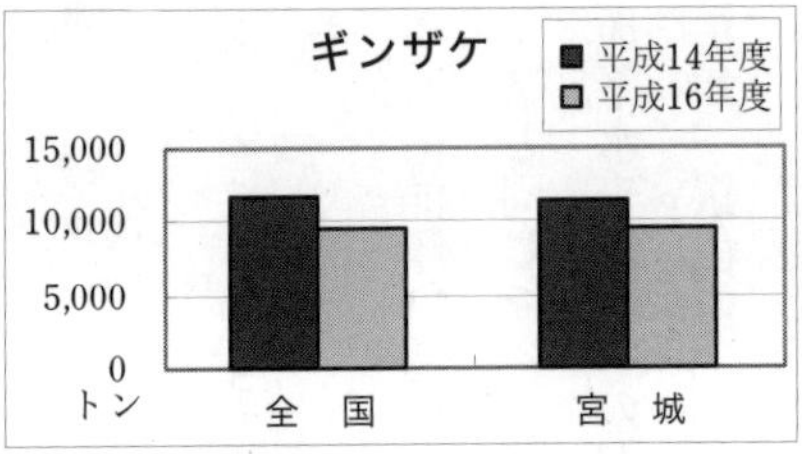

上飼育される。

他の養殖魚に比べると非常に早く成長し、四月から六月にかけては急速に体重を増やし、二・五kgから三・六kgになったところで出荷される。七月には成熟して抱卵し、婚姻色を呈して体色が悪くなってしまうことと、水温が二三℃を超えると、冷水魚の飼育限界温度を超えてしまい斃死率が増えるため、越夏することはない。また、台風などで筏が損傷することもあり、大きくしようと長く飼っておくのは危険なため、相場の高いうちに小型でも早出しする傾向にある。

契約・輸入したふ化直前の発眼卵は、浅い発泡スチロールのケースに入れられ、氷と保冷シートで覆われて成田空港に到着する。そして、一つ一つのケースをすべて開けて検卵し、死卵や異常を確認する。このときにその一部を、国際法定伝染病ウイルスの感染がないことをチェックするため、サンプリングを日本新魚種協会に送る。アメリカやカナダ国内で、疾病原因菌やウイルス感染がない魚病フリーであることが移送を認可する条件となっているので、今までに問題が発生したことはない。

成田から、福島や岩手などの内水面の池に運び、飼育を開始するまでに死卵が多く出た場合は、不足分をさらに空輸してもらう。

国内でも親魚養成を行い、人工ふ化が試みられているが、健康で成長の早い親を確保しておくには、大きな池設備と資金を必要とし、アメリカやカナダで育種改良された病原菌フリーの卵や種苗のほうが経済的なことから、ほとんど輸入に頼っている。

＊空輸されるギンザケの卵＊

空港の貨物受け取り場所は寒く、防寒着は着ていても長時間中腰での検卵は辛い。大きな段ボール箱に入れられた保冷箱を開けて、溶けた氷水を捨てる。中から五段に重ねられたプラスチックのケースを取り出し、凍える手で不織布に包まれた卵を一つずつ調べなければならない。ガムテープで密封さ

凍結銀鮭セミドレス

れた箱には五kgの卵が入っているが、保冷箱や氷水などを入れると二〇kgはあり、それを一つ一つ開けていく作業は、どんなに体力に自信がある若者でも、三時間も作業を続けると、まず音を上げる。普段スポーツで体を鍛えていても、中腰で大きな段ボール箱を持ち上げたり、積み上げたりするのは重労働である。温かい缶コーヒーがこの上なく美味しい…。

死卵が多いと疲れは倍増する。白濁した死卵をそのまま放っておくと、カビて他の卵まで腐らせるので、丁寧に取り除く。検卵が終了したらすぐにトラックに積み込み、養殖業者まで一晩かけて運ぶことになる。

カナダやアメリカからの空輸便は、二時間や三時間遅れることはよくある話で、ひどい場合は欠航になることも度々ある。現地も大変で、準備していた卵を急遽新しいロットと取り替えるのだが、日本側も頻繁に、現地や航空会社と連絡を取りながら、到着時刻の二時間くらい前には成田で待機している。それが何時間も遅れて到着すると真夜中の作業となり、検卵終了後もそのまま交代で運転しながら今か今かと卵を待つ業者のところまで運ぶ。卵を斡旋したほうは、その後も魚が丈夫に育っているか、毎日生育の状況を電話で確認するのである。

卵の輸入価格は、年によって多少異なるが、原価一粒約一二円で、飼育生産者には、手数料や輸送代金などを上乗せして一五円／粒で渡される。一年飼育すると一〇〇～一五〇ｇに育ち、海上の筏に運ばれる。このときの単価は、ほぼギンザケの生産物出荷価格と近い価格（キロあたり四〇〇円）で取り引きされるので、一尾あたりは五〇円ほどとなる。

この稚魚を半年ほど飼育すると約二・五kgに育つので、一尾あたりの池揚げ価格八〇〇～一二〇〇円で出荷される。売値は、集荷や配送費用、箱代、冷凍貯蔵コストなどが上乗せされ、生鮮ギンザケ一本は二五〇〇～四〇〇〇円となる。ギンザケは、産地から全国に配送されているが、大半は現地の加工業者が頭や骨・皮・内蔵を取り除いたフィレーにしたり、切り身にしている。アラを廃棄するのにも処理費がかかるので、輸送コストを下げるためにも、養殖現場に近いところで解体処理されるようになっている。

アラはゴミ処理されるのではなく、飼料や肥料に加工され有効利用されるのだが、養殖ギンザケのように出荷が三～七月に限定されていたり、以前は年中稼働していたが、イワシの漁獲量が激減して稼働が不安定になったりするなどで、専用の加熱乾燥設備をもつことは不経済である。

資源の有効利用を図るためにも、養殖ギンザケを丸ごと一本買って、全身を食べ尽くしてほしい。できれば隣近所でまとめて注文し、冷凍宅配コストを下げていただくとなおよろしい。また一年に一回でもよいので、一家の主が腕をふるって、「ギンザケフルコース」となったら、家庭団らん・和気あいあいで、こんなによいことはないだろう。

＊ヘルシーフーズ＊

ギンザケの養殖が普及したが、海の筏で三kg前後に育ったものは、脂もの り、寄生虫などの心配もなく刺身として食べられ、筋肉可食部に蓄積されたアスタキサンチンなどの赤い色素がとてもきれいで、しかも健康増進が期待できる。寿司屋のガラスケースに並べたときにも、にぎり寿司の一つとして加えることで、エビの赤身やマグロの赤身とは違う彩りとなる。

私は五kgほどに育ったギンザケのフィレーを冷凍しておき、刺身にして食べる「ルイベ」が大好きである。口の中でとろける感触と脂分の旨みが、マグロの大トロに匹敵する味だと思う。海外から安い養殖サケも参入してきているが、世界の生産量は一〇〇万tを超えるようになり、欧米での寿司チェーン店の急激な拡大に併せて、さらに需要が伸びることは間違いないであろう。

国内で生産される養殖魚も、一〇kg台のブリがアメリカに出荷されており、ヘルシーな食べものとして評価されている。われわれ日本人には、脂肪分が三〇%以上にもなる大振りのにぎりや刺身は、数切れ食べたらもう他のものが食べられなくなるほどであるが、アメリカ人は肉食からくる肥満対策や老人食として、高く評価し普及している。

シカゴ周辺から始まった寿司バーは、今やアメリカのどこの都市にも二軒や三軒は必ずあるというほど広がっている。サケ・マスの美味しさは、すでに世界に認知され、魚食文化の広がりは日本人がそれまで独占してきた魚介類を、奪い合うほどになってしまった。国内の養殖ブリやマダイを凍結して、世界に出荷する日もそう遠くないことであろう。

近所の魚屋さんが消え、大型スーパーに変わっていってしまったが、養殖経営のような小規模の国内産業を大切にすることで、安心・安全な生産物が食べられるよう、内需拡大に協力してほしい。

87　ギンザケの養殖

日本のギンザケ養殖に比較して、北欧やチリ、タスマニアなどのサケ・マスの海上養殖は規模が違う。国内では網生け簀が一人三台から一〇台と制限され、年間生産量は一経営体あたり五〇ｔから三〇〇ｔであるのに対して、海外では少なくとも五〇〇ｔから三〇〇〇ｔ規模であり、組合組織もしっかりしていて、出荷や飼料の製造などの一貫生産システムが確立している。また、国を挙げて種苗生産や飼料開発、近代的飼育システムの開発が進んでいるので、生産コストからみても、とても太刀打ちできないレベルにある。ノルウェーでは、これ以上海洋汚染が進まないよう、自国内のフィヨルドでの養殖認可を極端に制限し、海外の漁場で委託生産している。

ノルウェーのアトランティックサーモンは、育種淘汰に長い年月をかけ、全国三〇ほどの河川から取り揚げてきた親魚をすべてかけあわせてふ化させた後、同じ飼育条件で育て上げていったものである。一九八九年の視察の際に見せてもらったが、学校の体育館の何倍もあるような建物の中に数百という水槽が並べられ飼育が続けられていたが、成長がよく病気にも強く生き残った種苗は、育種淘汰の産物であり、一九八〇年頃には、従来の親魚サイズが五〜七kgだったものが、一〇kg以上となり、抱卵数は二・五倍、卵一粒の重さは約二倍になったという。さらにその後十年で、親魚サイズは二〇kgを超すまでになっている。このサケが自然界に参入し、生態系にどのような影響を及ぼしているのか、懸念されている。

国内では、養殖経営が小割区画漁業権という法律で保護されており、大資本の企業の参入を許していない。このことが、日本の養殖業の発展を妨げる最大の原因であると思っているのだが、集票に影響するのか、どの政治家もこの法律を改正しようとはしない。

近代的な発展を遂げたノルウェーなどでは、国全体が養殖ビジネスに強く関与していて、種苗の改良や給餌システムの開発などがうまく発展するような資金の補填が進んでいる。

日本では海外に比べ、ほとんどが小規模の養殖であり、育種淘汰のような時間と資金がかかるような研究開発を自らやれるところはない。国や県の水産研究機関でも、たくさんの飼育池や筏が必要で、長期に実施しなければならない育種淘汰研究を担当するところは未だもってない。養殖研でも研究が始められたと聞くが、「養殖研で、大型で病気にも強い魚が作出された」とのニュースは聞かないので、まだ研究途上なのかもしれない。

最近では、遺伝子レベルでの研究が進み、成長や細菌感染に強い遺伝子情報が解析されるようになり、育種の新たな技術として実用化が進められている。人間に都合がよいところだけに着目してよいものかどうか、同時にマイナスの性質が発現しないのか気になるところである。

北欧の養殖研究では、サケの養殖において画期的な発展が進み、生産性を大幅に高めることに成功している。ビデオ機器や水質分析機器を活用して、コンピュータで管理するようなシステムが大型の養殖経営の中で導入されている。

飼料試験用二軸式エクストルーダー

＊サケとミンクと油脂の関係＊

イタリアでの養殖展示会と、ノルウェーやデンマークの養殖研究所を訪ねたときのことである。ベルゲンの養殖場を訪問し、早速施設を案内してもらった。

中央にある大きな建物は数百トン規模の飼料倉庫で、その横にはコンピュータの設置された管理部屋があり、生け簀の中の様子がわかるようテレビカメラとつながっていた。そしてその両側には、二〇m×二〇mの大型筏が設置され、中央の廊下は飼料を運ぶバギー車が楽々通れる広さ。自動給餌機は、五〇〇kgはありそうなサイズで、中央部に固形飼料を飛ばす方式であった。固形飼料はわれわれが検討していた高温高圧成型機（エクストルーダー）で押し出し造粒するエクストルードペレット（EP飼料）が使われており、手に取ってみると油脂分が低いことがわかった。飼料の栄養内容を聞くと、蛋白質は五〇％で脂肪含量は六~八％とのこと。なぜそんなに油脂含量が低いのかとの私の質問に、皆きょとんとしていた。どうもこの地域では、かつての日本のように、魚油に対する信頼が低く、油脂を添加するという発想はなかったようである。

その後わかったのだが、お金持ちの御夫人がたが大好きなミンクの飼育に原因があるようだった。ミンクは、油脂が酸化したエサを食べると、病気になったり毛並みが極端に悪くなるそうで、そのために魚油はよくないものと考えられていたようである。私の質問に発奮したのかどうか、その後サケ用EP飼料中の油脂含量は徐々に増え、今では油脂含量三〇％を超える飼料も出回っているようである。

その、高油脂EPを製造するのに適した特殊澱粉や、加工小麦粉などを売り込みに来たスイス人の技術者が、私がベルゲンで言ったのとまったく同じ台詞を言っていた。「ブリがよく育つイワシ油脂含量が高いのが特徴だから、あなた達もこの原料を使って高油脂EPを作りなさい」と。案内してきた商社の担当者が慌てて、「この方は、北欧の養殖サケよりも古くから、高油脂養魚飼料の研究をしてきた人だ」と私のことを紹介し、アメリカで出版された百科事典の中の、ブリに関する私の英文のコピーを渡したら、目を白黒させていた。スイス人技術者は、自分は養魚用高油脂飼料の先進国から来た、新進気鋭の技術者と自認していたらしく、一方、商社の担当者は、一番に私に会わせて、日本の実態を教えてやろうとの親心だったらしい。その後日本各地を回った彼は、予測が外れてひどく落ち込んでしまったらしいと後で聞かされた。

イワシの漁獲が枯渇し、餌料イワシの価格が高騰してくると、高油脂ＥＰ飼料が脚光を浴びるようになり、その実用化が一気に進み、高油脂は魚の健康によくないとの抵抗感はなくなった。それでも高油脂飼料は脂ぎった魚を作るとか、油脂の一部を大豆油やトウモロコシ油、ヤシ油に切り替えると、魚が植物油臭くなるとの反対論はなくならなかった。

動物の摂餌と飽食はカロリー摂取で判断されるので、適正な給餌間隔と給餌量の目安を設定すればよい。もし、魚に脂をもっとのせたければ、給餌頻度を増やせばよく、エサの効率は少し悪くなるが、成長はよくなる。ブリやマダイが脂っこいものを食べれば、太って筋肉に脂が付くというのは間違いで、過剰なカロリーは腹腔内に蓄積脂肪組織としてため込まれる。

ほとんどの養殖魚の出荷されるサイズは、まだ稚魚レベルである。マダイは市場では二kg弱のものが出回っているが、成魚になると一〇kgを超えるし、ブリも五kg前後のものが流通しており、天然の大型ブリは一〇kgをはるかに超えている。ウナギも二〇〇g前後が平均の流通サイズであるが、下りウナギだと二kg以上のものが獲れる。ギンザケも、平均三kgサイズのものが出荷されているが、親魚になると二〇kgにもなるものがいる。アメリカ向けに一〇kgを超えるブリが出荷されているが、そのサイズでもまだ大人ではない。ニジマスも、一五〇g前後のものはまだ小学生といえるだろう。大きくなると五kg以上になる。一シーズン余計に飼育することのメリットが保障されれば、より美味しい、脂もしっかりとのったニジマスが提供でき、まったく違うその美味しさに驚くことだろう。これらの肉食性養殖魚に与える飼料カロリーは、出荷前の魚体には三〇〇〇kcalとなっている。

日本の養殖海域では、サケ類は水温が上昇しすぎて死滅する恐れがあることや、タイやブリをあまり大きく育てても買い手がつかないこと、さらに、越冬を一回増やすことによる歩留まりや成長ロスも大きいので、誰も手掛けない。

ヒラメの養殖

■ヒラメ　平目　英名：Japanese flounder　学名：*Paralichthys olivaceus*

海岸沿いの道を車で走っていると、海辺に平屋造りの簡単な小屋やビニールハウスがある。中に入ってみると、一〇坪から三〇坪くらいの小さな池が数面から十数面並んでいる。水深が

■ヒラメ

（トン）

	平成14年度	平成16年度
全　国	6,638	5,241
大　分	1,878	1,498
愛　媛	1,287	995
鹿児島	905	739
三　重	672	523
長　崎	546	504

他に香川・山口・熊本・広島

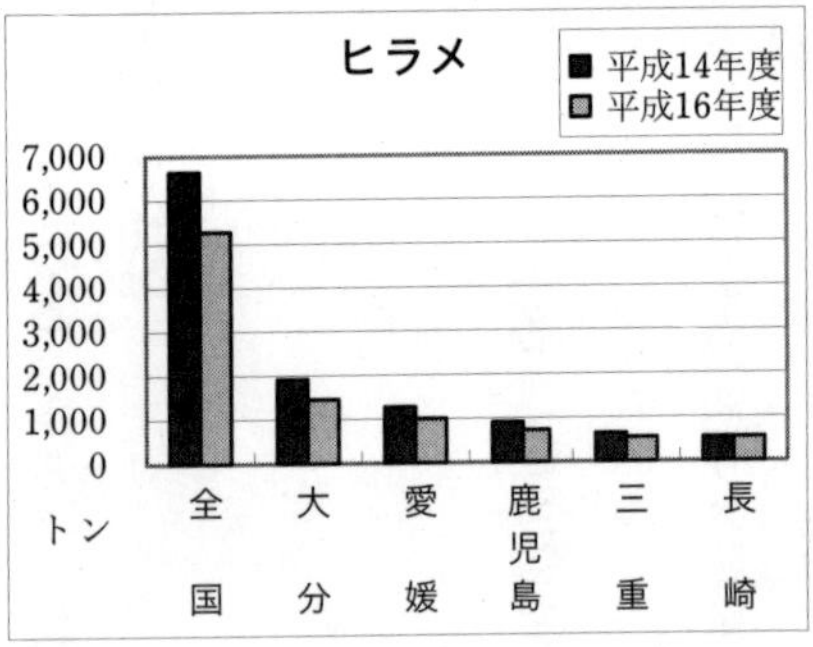

五〇～一〇〇㎝の池の中には数千尾のヒラメが飼われているのだが、水中を注意深く見ても何だかよくわからない。エサを食べるとき以外は、池底に重なり合ってへばりついており、体は保護色となっていて目が慣れるまで識別しにくい。人間が近づくと、ときおり何匹かが体を翻すので、やっとわかる。

外から見ただけでは何をやっているのか全くわからない施設でも、建物から排水が勢いよく流れ出ていれば、何らかの海産魚の稚魚が飼われていると考えてよいだろう。池設備はコンクリート三面張りで、しっかりした建造物となっている場合もあるが、経済性を考えるとさまざまな材質のパネル（ベニヤ板）や、木の板で六角形や円形の池骨格を造り、それを覆う防水シート素材はビニールやプラスチックなどいろいろと工夫されており、水を張れるようになっている。そして、ほとんどのヒラメ池は、中央に深く勾配を作り、排水穴が設置されて養鰻池のような中央排水方式であることが多く、汲み上げられた海水を壁と並行に噴射して水流を作り、流れの求心力で集められた残餌や糞が外に排出されるようになっている。酸欠になりやすい高密度飼育の池や、汚染物が澱んでしまうような池では、空気を吹き出すジェット水流機が置かれていることもある。

池の容積の何倍の海水が注水されるかを換水率といい、平均一〇〜二四回/日とさまざまである。換水率が高いほど、酸素の補給や汚れの除去に効果的であるが、海水を汲み上げるポンプの電力代に見合う生産性が得られなければならない。しかし、あまり節約しすぎても飼育環境の悪化や、密飼いによる感染症の発生、酸欠によるエサの効率の低下を招くことになるので、そこは重要な経営判断となる。飼育尾数と換水率の決定が、ヒラメ養殖の基盤となる。最近では電力中央研究所が、ゼロエミッション型の養殖方法を研究開発し、都市から離れた山の上で、人工海水を使ってヒラメの養殖を可能にした。

一二月から三月に、人工種苗生産された一〜一〇gのふ化仔稚魚を導入し、ヒラメ専用の顆粒状飼料や浮き餌などの配合飼料で飼育する。成長に伴い、密殖になった池のヒラメの間引き分養や、選別分養を繰り返しながら、春までに一〇〇〇g以上にして出荷する。成長の度合いは、種苗を導入した時期と大きさにより決まる。また温水魚なので、一五℃以下の低水温だと満足な成長が得られず、夏場の取水海水が二七℃以上になると摂餌が悪くなるので、淡水の井戸水などを足して水温を下げる。ヒラメは、比較的海水の塩分濃度が低くなっても死なないので、海水の半分の塩分濃度にして水温を下げ、夏を乗り切る業者もいる。

ヒラメの人工ふ化で問題になっていたのは、親として使う天然漁獲ヒラメの資質が最適でなかったり、ふ化直後に与えるワムシや、アルテミアの栄養成分の不備による、体色異常や奇形の発生であった。この栄養疾患については、大学や研究機関での研究から、生物餌料中のビタミンや、高度不飽和脂肪酸のバランスが崩れていることがわかった。また、配合飼料原料中の微量な脂質や、蛋白質の酸化変敗生成物が、ヒラメの発育や変態に影響していることもわかった。

しかし、飼育環境設備の問題やその他の原因もあると考えられるが、まだ体色の白化や黒化などの体色異常が発生することがある。これは、背と腹が逆転して、黒くてざらざらした腹と白くなめらかな背中になる異常である。ふ化直後のヒラメは、はじめは他の魚と同じように普通に泳いでいるのだが、その後、海底にへばりついて泳ぐようになる変態期に発現しやすい。一説には、左側の体側を、腹側と認知させる仕組みが皮肌にあるようで、プラスチックのタンクや、ビニールコーティングしたコンクリートの壁のような、ツルツルしたところでは、皮膚に刺激が届かないため、ホルモン分泌が起きないからではないかという説があり、砂底にしたり、ゴルフ用の人工芝などを池底に敷くと、正常な発育となることが確認されている。

白化した背中のヒラメを調べる

この体色異常に関しては、魚の成長や成分には全く影響ないのであるが、腹が黒かったり、背中が白い個体は、鳥や肉食魚などの攻撃や共食いの対象になりやすく、せっかく放流しても損失となってしまうことから、改善策が検討されてきた。

養殖魚として販売される場合には、体色異常のヒラメは流通段階で査定され、正常な体色のヒラメ価格に対して、半値ほどに値切られてしまう。このヒラメが、魚屋や料理屋で「体色異常ですから」と安く売られているわけではないので、どこかで誰かが儲けているのだろう。皮を剥いでフィレーにしてしまえば、栄養価も安全性も何も問題がないのだから、生産者だけが割を食っている勘定になる。

＊深層海水でヒラメの体表色が変わる＊

アメリカ海洋研究所の主催によるハワイ大学での養殖普及の研究会に、世界の養殖専門家一三人のうちの一人として招待された。そのときにハワイ島の深層海水活用施設を見学することができた。そこでの、深層海水を利用した研究対象に、藻類産生クロレラやアスタキサンチンがあった。また、低水温の海水でイセエビの蓄養が行われており、表層海水に比べて目減りや斃死が極端に少ないということであった。低水温で汚染のない海水は、魚介類にとってはとても好都合であることはわかったが、飼育に関しては、水温が一〇℃くらいないと、とても成長は期待できないと思った。隣の事業場では、日本のヒラメ養殖業者が、日本から持ち込んだヒラメ稚魚を飼育していた。汲みあげた深層海水が、運ばれてくるうちに水温が上昇し、施設内でも瀑気装置などで水温をさらに上げていた。そこで聞いた話で驚いたのは、日本から背中の白化したヒラメや腹部の黒化したヒラメ稚魚を導入しても、しばらくこの深層海洋水で飼育すると、普通の色合いに戻ってしまうということだった。真偽のほどは確認できなかったが、わざわざ日本から来た研究者に嘘をつくことはないと思うので、本当なのだろう。池の構造はほとんど日本と一緒で、小さな円形のコンクリート池は、光が遮断され、薄暗い中で飼われていた。

ヒラメは、自然の海水を汲みあげて飼育するために、高水温の夏には摂餌と成長が鈍り、病気が発生する。冬場は成長が低下し、電気代や人件費などのコストが重くのしかかってくるので、大きくなる前に早出しして、生産休業としたほうがよい場合も出てくる。しかし、六〇〇～八〇〇g程度ではまだ十分に美味しくないので、できれば三kg以上にして、身も厚く旨みたっぷりの養殖ヒラメとしたいのだが、そのためには二回は越冬させる必要があり、二〇〇〇円／kg以下のコストでは作れない。

先に述べた電力中研の、山でヒラメを飼う取り組みでは、人工海水が用いられている。淡水中に、微量ミネラルのレベルやバランスが解明された人工海水の素を溶かせばでき上がりとなっている。この手法では、天然海水よりもはるかに優れた飼育成績が得られることと、病気

ヒラメ養殖場

や異常の発生が少ない。また、自然海水で育てるのよりも、質の高いヒラメやマダイのふ化仔魚が生産できたとの報告もある。まだ食べさせてもらったことがないので味はどうだかわからないが、海のない地域での海産魚養殖とは、とても夢のある話ではないか。将来、海洋汚染がひどくなり、人工海水で養殖した魚しか食べられないようになるというストーリーは、小説になりそうだが、現実にはそうならないことを祈りたい。

一九九〇年には養殖ヒラメの生産量が伸びて、天然ものの漁獲量を超えた。世界の天然魚の総漁獲量は二億t程度が限界といわれている。二〇〇二年のFAO（国連食糧農業機関）の報告では、すでに五二七〇万tの養殖生産量に達している。一方、国内の総漁獲量は五〇〇〇万t台にまで落ち込み、魚の自給率が五〇%を下回る事態となり、海外からの輸入に大きく依存しているのが現状である。

日本の養殖生産量は一三〇万tであるが、ブリもマダイもヒラメも、天然漁獲よりも多くの養殖魚を生産し、流通している。そして、その養殖技術は世界をリードしており、多くの研究者たちの開発の成果と関連産業で働く人々の知恵、そして養殖生産者の努力によって進展してきた。陸上養殖という、安全で環境に優しいヒラメ養殖技術はさらに発展し、世界の養殖生産に貢献していくと考えられる。

マアジの養殖

■マアジ　真鰺　英名：Japanese horse mackerel, Jack mackerel　学名：*Trachurus japonicus*

養殖マアジは、狭い生け簀に何十万尾も詰め込まれ、たっぷりのイワシミンチのエサを与えられている。実際に養殖マアジに給餌してみると、マアジはいつまでたってもエサを食べ飽きない。八m×八m×八mの網生け簀の中に、三〇万尾以上のマアジがおり、イワシをすりつぶしたミンチをまくと、海面が盛り上がるように群がって食べ始める。朝から何回もエサをまいているのだが、一向に餌食いが衰えない。このままだと夕方まで食べ続けるのではないかと思い、給餌担当者に聞く、と「マアジは潮が悪くないかぎりエサを食べ続ける」と言う。

後に、水中カメラとビデオをつないでマアジの摂餌状態を観察した。大きな固まりのマアジの群れは、上へ下への移動を繰り返し、摂餌し続けていた。そして、生け簀の底網からこぼれ

■マアジ

（トン）

地　域	平成 14 年度	平成 16 年度
全　国	3,308	2,458
静　岡	1,300	582
高　知	600	434
愛　媛	661	414
長　崎	285	235

他に大分・宮崎・佐賀

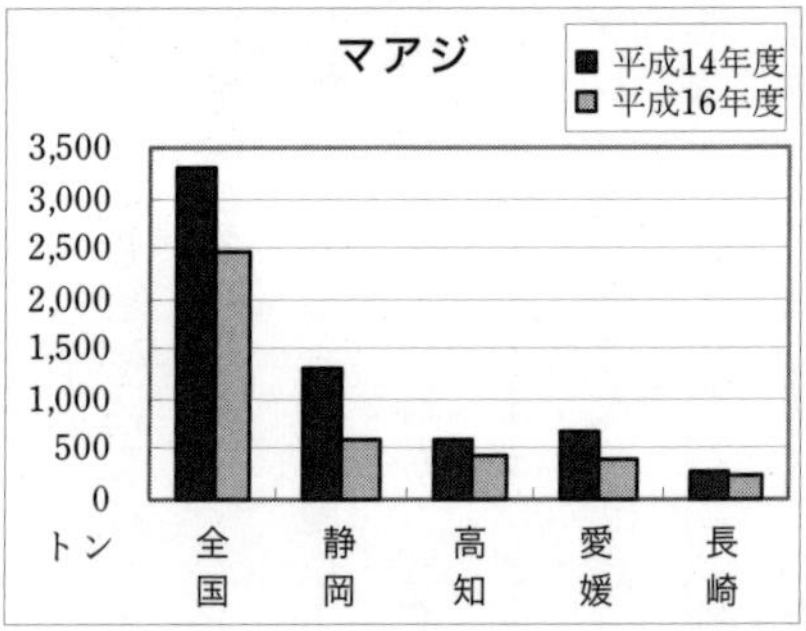

落ちる残餌は、それほど多くはないことも確認できた。

マアジは、飼料の転換効率がとても悪い魚である。マダイは、生餌一〇kgで一kgの増重が得られ、ハマチは七kgの生餌で一kgの増重が得られるのに対して、マアジでは二〇kgで一kgくらいしか太らないことがわかった。何か栄養不足でも起きているのではないかと調べてみたが、他の魚よりビタミンCが不足しやすいこと以外は、とくに目立つ点はなかった。

この生餌で育てられたマアジを分析してみると、体脂肪分が四〇%以上もあった。これでは健康度も悪く、疾病にかかりやすく、生産物流通段階での鮮度落ちも早いことから、適正な脂肪含量にコントロールできないかと考えた。油脂分が三〇%もあるイワシを過剰に給与することに問題があるのではないかと思い、高蛋白質の粉末配合飼料を、餌料のイワシと混ぜて脂肪分を減らし、ビタミンCを多く含むプレミックスを混合した。さらに、練り上げたミンチが水中にバラけたり、胃袋内で粥化しないように、海藻の粘着成分と、木の実から取り出した粘結物を混ぜて与えてみた。

その結果はとても満足のいくもので、養殖マアジの体脂肪含量を、一五%前後にまで低下させることができた。粘結剤入りのミンチにより水が濁らなくなり、マアジの摂餌性は活発さを増したため、適正給餌率を設定して、過剰投餌を抑制するようにした。そして、成長率とミンチ餌料の効率から逆算して、毎日の給餌量を養殖生産者に指導した。またこのときから、毎日の給餌や斃死などを記録する「養魚日誌」を書くように勧めていった。

はじめの頃は、「お前の言うだけのエサしかやらなかったら、魚は痩せて死んでしまう」とか、水温や飼育魚の健康診断のことなど面倒な話ばかりするものだから、嫌われ、口もきいてくれなくなる人もいた。しかし、結果として病気の発生が減り、死ぬ魚も減って歩留まりが大幅に改善され、味もよくなったことを養殖業者が実感しはじめた途端、飼養管理技術に関するデータを真面目に提出してくれるようになった。その集まったデータを、さらに統計解析することで、画期的な固形飼料の開発につながっていった。

養殖地域ごとの水質環境や、魚種ごとに種苗の導入サイズや時期などを分類・推計すれば、自然界のさまざまな実態が浮かびあがってくる。そのデータを参考にして、適正な飼育管理方法を、養殖生産者が自ら創り出していくことが狙いだった。

今日では、飼育実績に基づく適正飼育の目安が確立されており、無駄な給餌や危険な薬剤を使わずに、経済性の高い、安全な養殖魚の生産を可能とする飼養管理技術が開発・普及している。

数十年前の養殖環境は、今ほど悪くなかったこともあって、マアジの高密度飼育は一見成功したように思われたが、高収益であることに目をつけた人たちが次々と新規参入し、マアジ養殖業者も率先して生産量を拡大していったため、国内でも有数のマアジ養殖海域であった沼津地区や、四国宇和島地区では、慢性的な疾病の発生に悩まされることとなってしまった。限界を超えた尾数の養殖魚や、養殖筏を増やしていけば、さまざまな病気の発生は当然のことであった。

ちょうどそのような頃に、摂餌効率が悪く、海域の汚染をもたらすミンチ飼料ではなく、コイやマス、マダイなどに与えていた固形配合飼料であるドライペレットを砕いた、クランブルという、小型の稚魚に与える飼料をマアジに与えてはどうかと思いついた。粗蛋白質含量六七％、粗脂肪含量八％と、高蛋白・低脂肪の魚粉を主蛋白源とし、大豆粕と小麦粉を混合して造粒したアジ用飼料は、油脂分が低く、混合飼料を混ぜたミンチ飼料よりもさらに脂肪分を減らすことができ、自動給餌機の発達とともに普及していった。

この乾燥配合飼料は、網生け簀に常設した自動給餌装置で、人手もかからず給餌できることから、生産量は短期間のうちに数倍に膨れあがる結果となった。需要の開拓が伴わずに、養殖生産だけが増大していき、供給過剰となってしまったマアジの池揚げ相場は、半値になるまで低迷し、疾病・斃死により歩留まりが五〇％以下になってしまった。

このような状況を打破するために、飼育尾数を、従来の三〇万尾から、三分の一の一〇万尾に減らしてはどうかとアドバイスしたが、その頃の生産者は、生け簀の中に魚がどれだけいるのかなどあまり感心がなく、ただ需要に応じて出荷していった結果として、「今年は儲かった」とか、「損した」というふうで、本当にのんびりしていた。

養殖マアジの在庫管理が進むようになり、飼育実績を集計してみたところ、三〇万尾と思っていたのに実際には三五万尾、四〇万尾もいることが判明したりした。マアジ種苗を「一匹いくら」で購入しなければならない養殖業者は、尾数を正確に把握する必要があり、無謀な数を購入することはないのだが、自分で海から獲ってくるのでいくらでも種苗が手に入る漁師は、余分な種苗は勿体ないので、そのまま生け簀に入れて飼ったりする。

面白いことに、いくらたくさん種苗を池に入れても、一筏ごとの出荷量は一〇万尾を超えることはなく、管理が悪くて疾病や摂餌不良を引き起こすと、ひどいときには五万尾しか出荷できないときもあることがわかった。そのようなデータが得られたので、放養尾数を一〇万尾にするようアドバイスしたのだが、「マアジ種苗の量を今の三分の一にしたら、出荷量も三分の一に減るのではないか」と心配で、とりあえず「はじめは一池だけ二〇万尾」とした。その結果は、見事に他の生け簀と変わらず、一〇万尾前後の出荷となり、エサ代は大幅に減り、そればかりか、疾病による斃死の発生も極端に低下した。そうなると情報の伝達は早いもので、多くの養殖業者たちが翌年の種苗導入から、われ先にと放養尾数を減らしていった。こうして生産コストが低減できたマアジ養殖は、利益率も回復し、再び盛況を取り戻していった。しかし、残念なことに好況も長くは続かず、また、同じ養殖海域に、カンパチやシマアジ、そしてスズキなど新顔の養殖魚が次々参入してきて、飼育筏の数もさらに増えていった。

深刻な問題は、河川や湖沼を通じて、陸地から流れてくる生活排水や農業肥料、畜産排水中の窒素分やリン成分などの汚濁が、海域の自然浄化可能な負荷限界を超えてしまったことである。養殖経営から発生する汚濁も、自家汚染として取り上げられているが、これらの総合的な公害によって、その海域にいた生物群の種の数が減り、保持していた自浄作用が急激に低下し、ヘドロの蓄積が進んでしまった。こうなると、何をやっても生産性は改善できず、折りからの生産物需要の低迷もあって、経営収支はまたもや赤字化していった。

私が在籍していた東京海洋大学に、技術相談として持ち込まれた課題の一つに、夏場の養殖魚の大量斃死の問題があった。マアジに代表されるように、生産性の改善はかなり進んだのだが、悪化する飼育環境と、夏場の高水温と酸欠により、飼育魚の発病頻度が否応なしに増えてきている。飼料の原料価格の高騰から、配合飼料の品質が悪くなったのではないかと指摘する向きもあるが、悪化した環境水中に常在する病原細菌群によって、ほとんどの飼育魚は何らかの疾病に感染してしまっている。生け簀の中から、健康と思う魚を取り揚げても、エラや体表、腸管などから病原菌が検出される例が増えている。人間でも同様だが、感染していても、健康であれば発病はしない。しかし、飼育環境の急変や栄養状態の低下により、たちまちのうちに発病してしまうというのが、お定まりの筋書きになってしまった。

このような背景から、その場しのぎの投薬や、飼料の栄養強化で対処できるものではなくなってしまっている。投薬で対処してみると、すぐに斃死は収まるのだが、しばらくするとまた斃死が始まってしまう。そのような状況になってしまったら、薬代が嵩みとても商売にならない。その後は、漁場を移したり、生産量を自主規制して対処するようになってきた。

養殖魚は薬剤まみれではないかと思われるかもしれないが、現在、生産・流通している養殖魚では、薬代をかけていては利益が残らないので、滅多なことでは投薬はしない。自然界から導入されたばかりのときや、稚魚を選別・移動した際に、擦れや健康度維持対策として、抗生物質や栄養剤を強化することはあるが、出荷サイズになってからの投薬は、利益をすべて捨て去ってしまうほど高くついてしまうので、まず実施することはない。

疾病対策の一番の開発技術としてあげられるのは、ワクチン投与である。人間でも実施されているので、とても安全な病気対策である。それでも不安が残る人も少なくないと思うが、それは、生産者や流通業者に対する信頼性が低いということに他ならず、何をやっているか不透明で、きちんとした情報開示が行われていないことが問題なのである。

養殖業に従事する人たちのほとんどが、安心・安全で美味しい魚を食べてもらえるよう日々努力している。自分の家族や孫たちに、何の心配もなく魚を食べさせられるよう努めており、養殖生産物はその苦労の成果としてのものだと理解してほしい。

また、生産者、作る側で働いている人にも言いたい。貴方も消費者の一人であり、安心・安全は数値で表されるものではなく、信頼の上にあるものなので、ごまかしや嘘があれば、自分のところだけでなく、周辺関係者にも迷惑がかかることを肝に銘じてほしい。日本の養殖産業の安心・安全の理念が、世界の養殖産業の規範とならなければいけない時に来ている。

＊醤油をはじく養殖マアジ＊

一九七八年の夏の日、マアジ用配合飼料の研究開発をテーマとしていた私は、三重県のとある湾で飼われているマアジを、サンプリングとして研究所に持ち帰り、屠体成分を分析していた。まず、マアジの脂質含量や脂肪酸組成などを測定するために、筋肉や内臓をすりつぶして、メタノール・クロロホルムの混合液で脂を抽出した。次に、溶媒とマアジの脂分の混ざった抽出液を温浴バスで温めながら、減圧下で不要の溶媒を飛ばす作業に取りかかった。

他の研究報告書をまとめながら、ときおりフラスコの中を確かめていたが、いつもなら油脂がべっとりしてくる時間が過ぎても、一向に中の液体が減る気配が見えない。さらに倍近い時間をかけて減圧しながら温めていたが、やはり液体の量に変化がない。水道水の力で減圧する装置が壊れたのではないかとか、密封したはずの栓が漏れているのではないかと調べてみたが、どこにもおかしいところはなく、相変わらずたっぷりの液体がフラスコの中で踊っていた。

あまりにも不思議なので、フラスコを取り出し、液体の匂いを嗅いでみたところ全く溶媒の匂いがしない。残っている液体はすべてマアジの脂であった。驚いたことに、試料の養殖マアジは、全魚体の四〇％近くが脂肪分であったのだ。その後何匹か測定を行ったが、いずれも四〇％前後の油脂が体に蓄積されていた。まるまると太って、たっぷりの腹腔内蓄積脂肪と、腫れ上がった肝臓にもマグロのトロのように脂がたまっていた。この養殖マアジは、ブリやマダイの余りエサである脂ののったイワシを鱈腹食べさせられていた。

このマアジを刺身で食べてみたが、醤油をつけると脂で弾かれて、刺身に醤油が染み込まないのである。焼いてみると、すぐさま火がついてぼうぼうと燃え上がり、真っ黒になってしまった。天然マアジとは全く違う魚がそこにいた。このときから、より天然ものに近い養殖マアジの飼育方法の研究開発が始まったのである。

漁師たちは、このような脂ののりすぎた養殖マアジは、刺身ではなくて、「たたき」にしてシソやネギとまぶして食べる。また、味噌やニンニクを練りこんでご飯にまぶしたり、アワビの殻に張り付けて焼いて食べるのが美味しいと教えてくれた。たしかに多すぎる脂分も、ネギやシソと絡めると、マグロのトロよりも美味しかった。

フグの養殖

■フグ 河豚 英名：puffer トラフグ 学名：*Takifugu rubripes*

フグは、二〇〇五年度の世界の総漁獲量推定約一億七〇〇〇万tのうち、養殖生産量六五〇〇万tで、三八%を占めている。その中で特徴的なことは、養殖している魚介類については、天然ものよりも生産量が多いことである。国内においても、ブリやマダイ、アジなど、いずれも天然ものの漁獲量をはるかに超えた養殖生産量となっており、今後さらに天然資源の枯渇が懸念される中、養殖生産を増やすことになっていくと考えられる。

■フグ類

（トン）

	平成14年度	平成16年度
全　国	5,769	4,329
長　崎	2,405	2,090
熊　本	1,120	654
愛　媛	836	485
香　川	491	286
福　井	244	131

他に大分・和歌山・山口

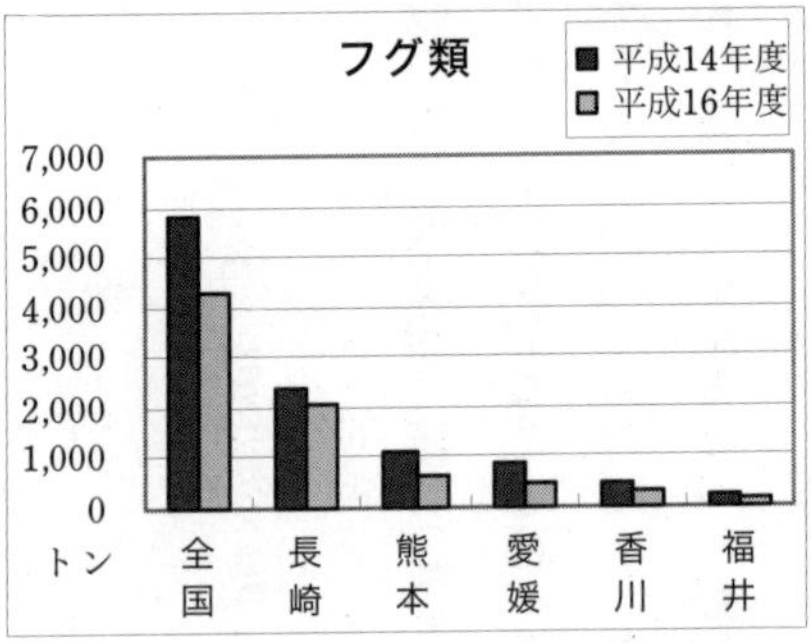

トラフグの養殖生産の増加は著しく、国内だけでなく中国でも大増産されている。高く売れる高級魚の代表として、トラフグの種苗生産からの一貫生産が成功したため、都内でも手軽な値段で「ふぐ刺し」や「ふぐ鍋」などのトラフグ料理が食べられるようになった。

トラフグの養殖は、多くの研究者や養殖現場での試行錯誤が進み、天然漁獲した健康な雄雌親魚から、受精卵を作る方法が開発された。船上で大型のメスの腹から卵を取り出し、そこに雄の腹部を圧迫して精子をかけて授精させ、それを陸上の水槽に持ち帰り、ふ化・育成するのである。その後の、ふ化仔魚に与える生物餌料の繁殖方法や給餌技術、配合飼料への切り替えは、すでにマダイやヒラメにおいて確立していたため、さほど難しいことはなかった。漁獲天然親魚の質が悪いと、ふ化率が大きく変わったり、初期に与える天然生物餌料に潜んでいた寄生虫の被害が発生し、大騒ぎになったことがあったが、何とか対処・解決できた。

＊沈んでしまうフグ＊

日清製粉の研究所で「研究月報」の報告をしていたときに、奄美大島の養殖場から「明日にでも来てほしい」という電話があった。何が起きたのか話してくれなかったのだが、日程を調整し、とりあえず現地に飛んだ。

わざわざ急がせてトラフグ漁場まで呼んだ理由を、あれこれ思案を巡らしていたのだが、あまりにきれいな青い海に見とれて思考もストップし、着陸の振動で目が覚めた。空港でレンタカーを借りて約二時間強のドライブ。

トラフグの漁場に着くと、みんなが待ち構えていた。早速に、「中田さん、このトラフグを見てください」と言われた。見てみると、腹部が切開されており、内蔵が露出していた。「これは、どうしたのですか?」と尋ねても、誰も答えず含み笑いをしているだけである。何が起きているのかと、五〇gサイズのトラフグを一匹一匹手にとって調べてみるのだが一向にわけがわから

中国淡水養殖黄フグ

ない。

開かれた腹部には、大きくきれいな肝が鎮座している。肝をよけると腸管が見える。トラフグは無胃魚なので、突然変異で胃袋でも発達したのかと探してみるが何もない。何のことやらまるでわからないので、またみんなの顔を見上げると、「中田先生もわからないぞ」と嬉しそうな顔をしている。悔しいので、もう一度よく見て気がついた。浮袋が見当たらないのである。

「あれ？ 浮袋がない！」と言うと、やんやの歓声と拍手。東京水産大学の後輩の仁部場長が、「飼育員が気がついたのです。筏を見て下さい」と言う。生け簀のトラフグに給餌を開始すると、何百匹ものトラフグが筏の底から浮上してきて、ドライペレット飼料を食べはじめたが、なんだか変なのだ。よく見るとほとんどの魚が必死になって泳いでいる。尾ビレを一所懸命動かしてエサを食べようとしているのだが、泳ぎを止めると尻尾から下に沈んでいくのである。この奇怪な泳ぎの原因を調べてほしいというのが、呼ばれた理由であった。

かつて、ふ化養成したトラフグを網生け簀に収容し、夜間ランプを灯してプランクトンを集めて飼育していたときに、体重が一〇〇gを超えた頃、大量に寄生虫が発生していることに気がついた。原因は、夜間灯に集まってきた微小動物プランクトンの天然コーペポーダに入っていた寄生虫であった。今回は、すぐにはわからなかったが、発生状況を日誌から整理してみると、船上授精させた一群のトラフグであり、同じ日に授精させたほかのグループでは発生していないことから、親魚に問題があったのだろうという結論になった。

ヒラメやマダイでは、ふ化初期に内臓が形成される段階で、環境水質や栄養問題から、内臓の異常形成が見られることがある。また、内臓の発達段階で、空気を取り込まなくてはいけない時期に、エアレーションや水流が強すぎたために浮袋にうまく空気が送り込めず、浮袋の形成異常や、その機能が完成しないことある。このような試行錯誤の繰り返しで、養殖技術は地道に発展を遂げてきたのである。

フグ毒の研究で、テトロドトキシン等の毒性物質は、バクテリアによって産生され、それが渦巻き鞭毛中やサンゴ、貝類に付着しており、それらを食べた魚介類の中の、特異的な種に蓄積され濃縮されていく、ということがわかった。ヒョウモンタコやトラフグにもこのバクテリアが付着していることが確認されたのである。つまり、養殖トラフグにはテトロドトキシンが含まれないと決めつけることはできないのである。

誰かが天然トラフグを捕まえて生け簀に投げ入れたり、迷い込んだ天然餌料のバクテリアを食べて経口的に移行することが考えられる。その確率は低いのかもしれないが、危険を冒してまで養殖フグの肝臓を食べたいとは思わないほうがよい。普通に養殖トラフグの可食部を安く食べて満足していたほうが安心である。

もう一つ、なぜフグにテトロドトキシンが存在するのか、どうして共食いもするトラフグ自身は死なないのだろうか。考えられるのは、身を守るためにテトロドトキシンを身につけるようになったトラフグの遺伝子が生き残り、そうできなかったフグは食べられ絶滅してしまったのだろう。

給餌のとき、エサに寄ってきたもの同士が噛みつき合い、弱い個体の尻尾はなくなって肉がむき出しになることもある。他の魚だと傷口にカビが生えて死んでしまうのだが、トラフグはなくなった尻尾部分を不器用に振りながらも生き長らえる。これは、彼らのもつ毒が、感染を防いでいる可能性がある。

さらに、養殖フグの獰猛な理由として、テトロドトキシンが体内に存在しないことと関係があるのではないかと考えた。そこでトラフグの加工センターで、毒をもつ内臓を養殖トラフグ

フグの養殖

に食べさせてみたら、噛み合いが減ったという。興味深い知見ではあったが、飼料メーカーがテトロドトキシン入りの配合飼料を作るわけにもいかない。

この世には、自然界に普通に存在するものや、人間が地下から掘り起こしてしまったもの、未開の森林で生き延びてきた致死性の高いウイルスなど、数多くの毒性物質が存在している。われわれの世代はなんとかまともな食事で過ごせそうだが、何世代か後には、海洋や陸地は汚染され、食べるものすべてに安全性が約束されなくなる可能性もある。養殖等で管理・生産され、安全が分析・確認されたものを食べられるのは、ごく一部の人になっているかもしれない。そこで活躍しているのは、毒性物質やウイルスなどを瞬時に科学分析できる技術かもしれない。

テトロドトキシンなどの生化学物質の活性成分評価は、従来はラットを用いて致死量から計算されていたが、現在では前処理を含めて、数時間で測定できる分析器が開発されている。筆者が卒論や修士論文作成でお世話になった渡辺悦男教授（現在東洋大学客員教授）が開発され、酵素の働きで反応を感知し、電気信号に変えてそのレベルが測定できる。同じ理屈で、魚の鮮度値が測定できる機械もある。

シマアジの養殖

■シマアジ　縞鰺　英名：Striped jack　学名：*Caranx delicatesimus*

「好物の魚は何ですか？」と聞かれたら、「シマアジかイシガキダイ」と答えるだろう。刺身にしたときの、美しい透明感のある筋節と、醤油をちょっとつけて頬張り噛み締めたときの旨みが、何とも言えず好きなのである。シマアジは、やはりちょっと気取って高級な料亭できれいな器に、刺身で、つまがあしらわれて豪華に盛られているのがよい。あるいは握りにして、出てきたときのきれいな血合いの色合いも食欲をそそるものだ。

■シマアジ

（トン）

	平成14年度	平成16年度
全　国	3,396	2,668
愛　媛	869	594
熊　本		535
大　分	817	515
高　知	356	330

他に大分・和歌山・長崎

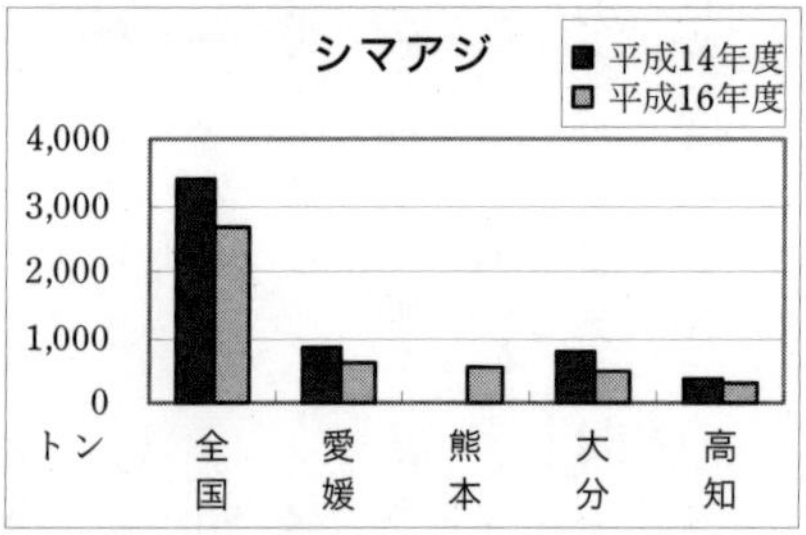

シマアジは、多くの日本人にとって高級魚の代名詞ではなかろうか。そんな魚が、今では赤提灯や居酒屋で食べられるようになっている。高級料亭でなければ食べられなかった鮮度のよいシマアジであるが、今では素晴らしい品質の養殖シマアジが流通している。その貢献者は、大分県マリンパレス水族館の高松館長らである。

水族館で大事に育てられた親魚に、ホルモン注射をして、産卵を促すことができた。問題は初期餌料のプランクトンであったが、この生物餌料の量産化に苦労しながらも、やがて毎年数百万尾の養殖シマアジが全国で生産されるようになり、シマアジが魚屋の店頭で購入できるようになった。

しかし、シマアジは取り揚げられる際、直接人間の手が触れると、触れたところが日焼けしたように変色し死んでしまうという、とてもデリケートな魚であった。加えてウイルス疾病が全国的に蔓延しだしたため、生産量は急速に低迷することになった。

育成した養殖シマアジを親魚として育てるにも、通常の成長性の高い養魚飼料を与えたのでは産卵が期待通りにいかないことも課題となった。高蛋白・高カロリーの配合飼料を与えていれば、病気で斃死することも少なく、立派に大きくなり、刺身も透明感のある飴色で、文句のつけようもないレベルなのだが、腹腔内脂肪がつきすぎて排卵が抑制されてしまうらしく、なんとかしてほしいと頼まれた。

マダイやヒラメでは、同じような高蛋白・高カロリーのエサで期待する産卵成績が得られるのだが、シマアジは親魚に、生イカや低脂肪の配合飼料とビタミンEやアスタキサンチンを強化することで、産卵を順調に進められることがわかった。先のウイルス疾病についても、親から子へ垂直感染して全国に広まったこと、また、過度の水温コントロールやホルモン投与による産卵促進などの負担が、ウイルス発病に影響していることが解明された。東京都水産試験場の村井博士らは、小笠原でのウイルス感染していない種苗生産において、自然水温のままホルモン注射等をせずに産卵を実施し、良質の種苗生産を可能にした。

池袋のサンシャイン水族館や大阪海遊館など、日本全国どこの水族館にもシマアジは泳いでいるので、ぜひご覧いただきたい。いずれの水族館でも、長く飼育されて老成化したシマアジが群遊している。環境を整えてやれば、死なずにここまで大きくなるのだという見本である。

飼料や各種機能性原料の製造販売会社として、それらの性能を比較するために、養殖現場の筏で飼育試験を実施することがある。その際、放養した稚魚のサイズや、尾数の違いが問題になることはわかっているが、先に記したように、長くつながれた筏の地形的条件により、水質環境等が違うことが外からは見えないので、その問題を難しくしている。また、連結した筏の端と中央部でも、潮の流れによる換水度合いの違いや、給餌の開始時と終了時の差が発生する。漁師は経験的に、どの筏にどの魚を入れるか意図的に判断している人も多い。研究や市販飼料の性能判定等のために、筏の設置場所を何度か動かして平均化を図ることが常識であるが、それも本当に公平な移動であったとの保証はない。「海の中は月の表面よりも見えていない世界」なので、養殖を事業として実施している人の気苦労は尽きない。

そのような中で安全で美味しい魚を届けるために、彼らは時間を惜しむことなく魚の顔を見て、大事に育てている。筏の四隅に、ボーッとして動きの悪くなった魚がいたら心配で眠れなくなる。シマアジは擦れに弱いデリケートな魚である。台風等で筏が壊れ、生け簀網が流されて、他の生け簀網にもたれてしまったことがあり、大分県で何台もの筏のシマアジが全滅してしまった。台風予報に気を配り、事前に自動給餌機を外して陸に揚げたり、ロープのゆるみを修整したりする。それでも嵐の日に、陸上の大型ゴミや畑の稲藁等が海に流れ込み、網生け簀の下に潜り込んだため、持ち上げられた網にこすれて肌が痛んだシマアジがボロボロになって死んでしまったこともある。

荒れた海に、どうすることもできない漁師たちは、ただ筏と魚の無事を祈るしかない。中には酒をあおって眠り込んでしまう人もいるが、心配なことには変わりない。晴れた翌日、おそるおそる筏に行く彼らの気持ちを考えると、大事に育てられた養殖魚を、感謝して食べなければならないと思う。

イトウの養殖

■イトウ　サケ目サケ科イトウ属イトウ　英名：Sakhaline taimen, Japanese huchen　学名：*Hucho perryt*（*Brevoort*）

生産地は北海道・青森・岩手・栃木などごくわずかで、統計数値なし。

サケ科魚類の中で最も原始的な存在であり、開高健の著書などから「幻の魚」として、すっかり有名になったイトウも、今では養殖されるようになっている。北海道大学の原彰彦教授らが、人工ふ化と育成技術を改良し、それによって青森県の鯵ヶ沢町が、本格的な生産とイトウ料理の普及に努めている。

日本産の淡水魚の中でも最も大型化する魚であり、古い伝説によると、体長三ｍを超すイトウが川岸に打ち上げられ、腹から角が飛び出して苦しんでいたが、死んでしまったので腹を裂いてみたら、雄鹿が出てきたという。伝承であり、事実が多少は歪曲化されているとも思われるが、大昔の環境の中で、人間という大敵が現れなければ、どこまでも大きくなれた可能性は高いので、あり得ない話ではない。

実際に、明治以前に日本の各地で二mを超すイトウが確認されている。私も、北海道大学から譲ってもらったイトウの稚魚で栄養研究を行ったことがあるが、栃木県にある日清製粉の那須研究所の飼育水温が、北海道に比べて高かったからか、ニジマスやサケよりもはるかに成長が早いのに驚いた。とても獰猛で、エサの食べ方も豪快なことから、研究所の敷地で採取した雨ガエルを投げ入れると、口よりも大きいエサを一飲みで食べる様は、釣りの好きな人には堪らないのだろうと思わせられるほどであった。

このような新魚種を養殖するためには、産卵期に成熟した雌親と複数の雄親を自然界から捕まえてきて、生理食塩水中に卵を絞り、その上から雄の精子を絞り出し、羽毛などで優しく混ぜながら授精させる。よい親から良質の卵と精子が取り出せれば、ふ化には何も問題はない。

自然界では、環境水中に産み落とされた卵は、後は親が面倒を見る例は少ない。テラピアのように、口の中で卵を抱え、ふ化してからも敵が来たら口の中に隠してしまう「マウスブリーダー」と呼ばれるタイプや、アメリカ産キャットフィッシュのように、巣穴に卵を産みつけたら、ふ化するまで敵の捕食から守るタイプなど、よくテレビで映し出されているので、知っている方も多いだろう。このような、子どもを保護をするタイプの魚は、産卵数が少ない。ふ化率が高いから産卵数が少ないのか、産卵数が少ないのでふ化率が高いのか、どちらかはわからないが、このような特性が種を生き残らせてきたのだろう。

サケ科の魚卵は卵黄が大きいので、初めに与えるエサも、動植物微小プランクトンなどを準備しなくても、魚粉の多い高蛋白質のクランブルを与えれば、問題なく成長する。しかし、十分に成熟した天然の親がなかなか手に入らないため、養殖した成魚や未成熟の天然魚を飼育して、ホルモン注射等で成熟を促して産卵させる。これがとても難しい仕事なのである。

先の青森県鰺ヶ沢でも、なかなかよい親が得られず、成熟が不十分なためにふ化率や生残率がよくなかった。鰺ヶ沢を訪問して気付いたのだが、私たちがアメリカナマズで失敗していたのと似たような状況にあることがわかった。貴重な親魚を大切に飼おうと思うあまりなのか、飼育水の温度が比較的安定した地下水であったり、冬場に死なないようにと、加温した温室で飼育していた。しかし、親魚には季節感をしっかり感じさせ、適切なタイミングでホルモン代謝を進ませないと、成熟が中途半端になってしまうのである。

日清製粉（株）の中央研究所畜水産研究室の温室池で冬越しをさせていたキャットフィッシュは、全く卵を産む気配を示さなかった。何年か失敗が続き、あきらめかけていたが、冬場に露地池に放っておいたナマズは、翌年しっかり産卵し、ふ化させることができた。鰺ヶ沢のイトウも、冬場に外の渓流で飼育するようにしたら、その後の産卵、ふ化成績がよくなったと聞いている。

ランプーンの漁村

釣り上げられたハタの稚魚

＊ランプーンのハタ＊

二〇〇六年に二度ほど、インドネシアの国立海洋研究所からの依頼があり、ＪＩＣＡ派遣の松岡順シニアボランティアの斡旋で、講義と飼育指導のためにランプーン州を訪問した。そこでは、ハタ科の魚の養殖が進められていた。研究所には立派な池が造られており、多部門の研究室が立ち並ぶ第一線の研究所であった。日本やオーストラリアの技術が

飼育試験筏 3m×3m×3m

陸上池でハタの養殖に成功していた

導入され、マダラハタやネズミハタ等が大量に生産され、研究資金にもなっていた。

しかしその人工種苗を見て驚いたのだが、半分以上が奇形であり、とくに頭部や口吻部の異常は、日本でも多く発生したものであった。曲がった口でなんとかエサを食べようとしているのだが、十分な成長は難しい。内臓の解剖所見をとりたかったが、遠慮した。

また、近辺の海域にある養殖筏では、ハタ科の魚を何種類も飼育していた。研究所から購入して大きく育てた魚と、自然界から捕獲した魚が三m×三m×三mの網生け簀の中に、数百から数千尾飼われていた。驚いたことに、生け簀の中には二〇kg以上はありそうなジャイアントグルーパーの成魚がいた。ふ化用の親魚だと言うので、どのくらい種苗生産ができているのかと尋ねると、まだ一度も産卵しないと言う。続けて、どうしたらよいかと聞かれてしまったが、この海域の水温は常に三〇度前後で、雨期と乾期があるのだが、どうも魚の産卵期を的確に把握していないようであった。また、浅い筏で飼い続けられていては強烈なホルモン注射等の刺激なしには成熟が進まず、自然な産卵も起きないのかもしれない。

その魚にとって、自然で適正な環境で育てることが正常なホルモン代謝を促し、卵の成熟が期待できる。そして、その優れた卵から、健康なふ化仔魚が得られるのである。あとは、エサの種類によっても、成熟に関与する栄養成分があるのかもしれない。自然界での棲息状態や生理について学ぶことが大切である。他の養殖筏でも、中国系の経営者が種苗生産を視野に、養殖を進めていた。

ジャイアントグルーパー

イトウは、大きくならないと脂がのってこないので、一kgや三kg程度のものは食べてもあまり美味しくない。せめて一〇kgや二〇kgサイズで、脂ののったイトウを召し上がっていただければ感激してもらえるだろう。しかし、大量生産しても安く買いたたかれて経営が苦しくなってしまう。だからと言うわけではないだろうが、イトウをあまり簡単に繁殖させてしまっては困るので、イトウの生産量をコントロールして希少価値を持たせることも、養殖経営の一つの手法かもしれない。

私としては、数十キロに育つ淡水性冷水魚の養殖生産が、世界の大切な食料資源となることを期待しているので、大量生産の道を検討すべきと考えている。人の住めないような原野で、イトウの大量生産を国家規模で行うというのはいかがだろうか。イトウは、小動物を丸ごと食べて消化吸収する能力があるので、南米アマゾンのピラニア飼育のように、世界で数千万トンも焼却処分されている肉骨粉を主原料として、大量の養殖生産が可能にならないものだろうか。

クルマエビの養殖

■クルマエビ　車蝦　英名：Kuruma prawn, Japanese shrimp　学名：*Penaeus japonicus*
ウシエビ（ブラックタイガー）　英名：Giant tiger shrimp　学名：*Penaeus monodon*
バナメイ　英名：Whiteleg shrimp　学名：*Litopenaeus vannamei*
ロブスター　伊勢海老　英名：Japanese spiny lobster　学名：*Panulirus japonicus*

かつて日本産のクルマエビはとても高価な貴重品で、都会では高級料亭でしか食べられなかったが、種苗生産技術の確立と人工配合飼料による大量養殖生産が可能になったことから、誰にでも食べられるものとなっている。今日、世界の養殖エビ生産は、ふ化養成技術が発達しているブラックタイガーと、飼育が簡単で成長もよいホワイトとも呼ばれるバナメイ種が主流となっている。

■クルマエビ

（トン）

	平成14年度	平成16年度
全　国	2,004	1,818
沖　縄	748	712
鹿児島	638	485
熊　本	293	255
大　分	63	118
長　崎	95	88

他に宮崎・山口

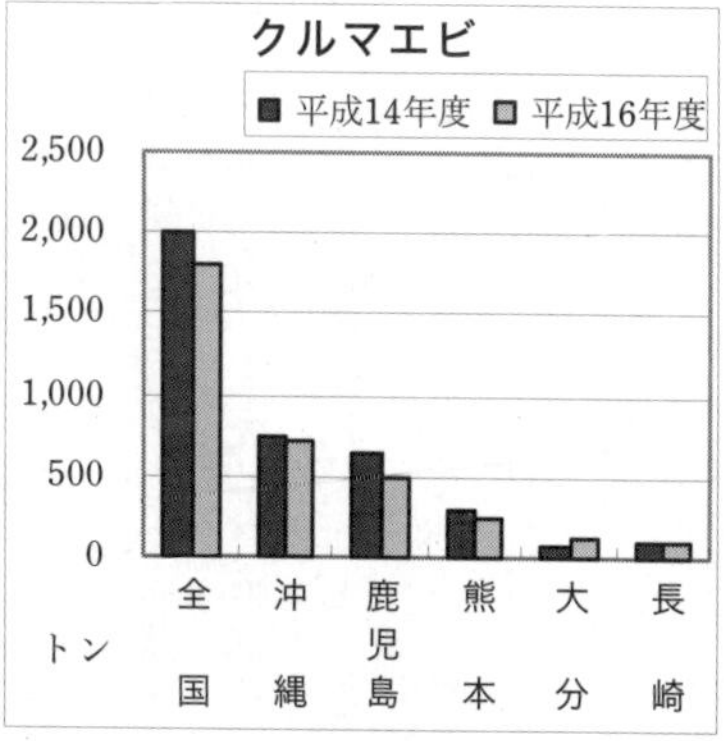

日本人のエビ好きは、どこのスーパーでも何種類ものエビが店頭に並んでいることからも実感できるが、世界の生産量の半分以上を消費していることからも明らかである。ところが、欧米諸国での魚介類に対する健康食品としての認識から、エビやナマズの消費が伸びてきて、その需要が一気に拡大したことから、東南アジアでのエビとナマズの養殖は、数々の失敗を繰り返しながらも、大きくその生産量を伸ばそうとしている。

クルマエビの養殖技術は、一九八〇年代に日本の（財）藤永車海老研究所が開発した種苗生

ブラックタイガー

産や、高密度飼育方式が世界に浸透していったことに始まる。この研究所出身者の多くが、東南アジアやエクアドルなどに赴き、それぞれの国特有のクルマエビについて、独自の養殖技術が開発されていった。各国で、自然環境といかに共存していくか、最適な養殖施設、生産方式などが、何年もの間の試行錯誤によって発達していった。

しかし、それらの数多くの試みが高密度飼育を目指したものであったために、さまざまな疾病が各地で発生し苦しめられることになった。天然物や人工繁殖した種苗の世界的流通と、エビ生産物の流通加工とともに、エクアドルで発生したウイルス疾病が、台湾・タイ・マレーシア・インドネシア・日本・中南米・中国と、世界中に蔓延し、壊滅的な被害となった。その結果、現在では病気に強いエビとして、ホワイトとかバナメイと呼ばれる種類が増えた。ウイルスに弱いブラックタイガーは、飼育密度を低くして各国で引き続き養殖されている。

ベトナム最南部にあるメコンデルタ地区は、豊かな水資源を背景に、エビの一大生産地となっている。東部海岸地帯で獲れる親魚から種苗生産された稚エビが運ばれてきて、約三カ月で出荷される。またウイルスの流行により、天然親魚の感染について、試験場や大学で有料で実施されている。しかし、この検査精度はあまり高いものではないので、無菌を謳っていても、その後発病してもめることが多い。日本でもウイルス検査が実施されているが、完璧な診断であるかどうかは疑わしいと感じている。

稚エビも養成エビも、環境がよく栄養が足りていれば発病する可能性は低いのだが、粗放的に飼育される池は、何年か経つと自浄力がなくなり、病気が発生しやすくなる。見渡す限り続く池を見れば、地域としての密飼い養殖は明らかで、このような環境で一度ウイルスが発症すると、河川を感染経路として流域すべてが大被害にあい、撤退・放棄された数多くの養殖池もある。

ブラックタイガーの選別

バナメイの養殖池と出荷作業

イセエビ用生餌

養成中のイセエビ

ベトナムでは、海岸の道路からはるか沖合に、小さな小屋が無数に建っているのが見える。初めて見たときに、あれは何ですかと聞いたら、誰も知らなかった。二度目に通りがかったときには、イセエビ養殖の見張り小屋です、と教えてくれた。三度目には念願かなって、イセエビ研究者であるトゥイ博士の案内で、筏まで見学することができた。一辺が二mのステンレスの箱で作られた網かごが沈めてあり、その上部には塩化ビニールのパイプが水面上まで立ち上がっており、ここからエサを投げ込んで給餌飼育していた。

稚エビの採取方法を見せてもらった。海中に、糸で吊るした先に重い木やサンゴのかけらに直径一〇mmほどの穴をあけたものがぶら下げてあった。養殖漁場の木枠には、数千の採苗器がぶら下げられており、毎日引き揚げて、稚エビが入っているかを確かめる。この養殖海域はきれいな海水浴場であり、遠浅の砂浜であった。自然な状態では、イセエビ種苗の多くは他の魚のエサとなってしまう。したがって、このような方法は種苗の有効活用であり、乱獲とは言えないのだろう。

問題となっていたのは、イセエビ養殖の残餌で汚染してしまった海の回復である。砂浜にはヘドロがたまりはじめ、養殖地域の海水も濁ったままだという。以前はもっときれいな砂浜で、隣の湾は養殖禁止としており、外国人も多く遊びにくるナチャンの海である。立派な観光ホテルが建ち並び、朝には地元の人たちが海水浴を楽しんでいる。若い女性もいるのだが、水着姿はおばさんばかりで、服を着たまま海に浸かっている。朝五時くらいに外が騒がしいので目が覚めたのだが、七時前には引き揚げていった。

引き揚げられたイセエビ養殖かご

養殖しているイセエビは四種類いるということで、見てみたいのだが、そのためにわざわざ取り揚げてはもらえないようだったので、食べてみたいから売ってくれと言ったら、いきなり自炊道具を出してきて水を沸かしはじめた。ここで食べさせてくれるつもりらしい。箱網を水面まで持ち上げて、網です

種類の異なるイセエビ

くって持ってきてくれた。

成長のよいものは一年半で七〇〇gにもなるタイプや、三〇〇gどまりのものまで、確かに四種類はいた。それらをボイルしてくれ、「食べろ」と言う。サイズは小さく、一〇〇gにも満たないものであったが、イセエビそのものであった。支払いのとき、一匹一ドル（当時約一〇〇円）はいくら相手が外国人だからといって高すぎる、と言いかけたが、捕獲した稚エビやガラスエビ（イセエビの変態直前の稚魚でプエルルスと呼ばれる）が一〇〇万ドン（約一〇〇〇円）で取り引きされていたのだから、著名なトゥイ博士の手前、大サービスしてくれたのだとわかり、日本から持参したお菓子なども一緒に差し上げた。

この一尾約一〇〇〇円のイセエビの稚魚が、一年半で七〇〇gに育ち、シンガポールや香港の高級レストランに七〇〇〇円で売れるという。日本に入ってくるオーストラリア産の天然イセエビが、消費者価格で五〇〇〇円／kgなので、われわれの口には入らないものである。日本の購買力が低下していることと、中国で台頭してきているお金持ち人口が、日本の市場とは比べものにならないくらい大きくなりつつあるということがわかる。

＊ベトナムでの試み＊

ベトナム水産大学のドュン教授は、広島大学卒業で、日本語も堪能な紳士であった。私の講演でも、「日本語で話していただいて私が通訳しましょう」と申し出てくれた。

ベトナム水産大学の研究施設

放棄されたブラックタイガー養殖池

彼の研究の一つに、「放棄されたエビ養殖池の再利用」というものがあり、とてもユニークなので紹介する。もし援助していただけるならば、これからの世界の養殖生産に価値あるシステムになると考えられるので、ご連絡いただきたい。

捨てられ放棄された池を見ると、何も問題はないように思われるのだが、ブラックタイガーの種苗を放流飼育すると、一〇〇％ホワイトスポットウイルスが発病してしまうと言

ベトナム水産大学のドゥン教授（左）と
JICA派遣専門家の石橋先生（右）

う。どうやら感染源が、すぐそばを流れる河川に棲息するカニや貝類に潜んでいるらしい。生産を行っている池では、周りに用水路があり、ここを定期的に消毒する必要があると言う。また、水路と池の間には一〇㎝ほどの網が張り巡らせてあり、感染生物の侵入を防いでいる。

ドュン教授は、感染を防ぐと同時に、発病させない水質に回復させることを考えていた。テラピアを放流し巣穴を作ることで、汚れてしまった池のヘドロが分散して、植物プランクトンに替わる。テラピアはそのプランクトンを餌料として育つ。繁殖がピークに達したら、種苗生産が確立しているスズキ（日本産アカメの親類）を放流する。テラピアの稚魚が、スズキの餌となるのである。五年も飼育を繰り返せば、池の環境は改善され、エビを養殖してもウイルスの発病は抑制できるのではないかと期待している。インドネシアではハタの種苗を、エクアドルではカンパチを検討中である。半海水でも育つテラピアモザンビカが期待の星となっている。

＊エクアドルでの試み＊

二〇〇五年に招待されたエクアドルでも、同じ研究が始まっていたのには驚いた。グアヤキル市にある養殖研究所のエンリケ博士は、カンパチの研究者であり、「第八回ラテンアメリカ養殖学会」で議長を務められ、私の基調講演の司会役もしていただいた方である。

彼は、世界で最初に病気が発生した、ホワイトスポット被害地区を案内してくれた後、彼の研究施設を案内してくれた。

被害が出て放棄された養殖池では、やはりテラピアの飼育とカンパチの飼育を実施しようとしていた。テラピアはアフリカの内陸起源の魚であるが、半海水濃度でも成長する魚種としても知られている。エクアドルは、赤いアルビノテラピアの大生産国で、近隣の国に活魚やフィレーとして出荷している。汚染された池での無給餌養殖と、カンパチを導入することによって高級魚生産を考えていることは、ベトナム大学のドュン教授と同じ発想であるのに感心した。水深を深くしたり、配合飼料を与えれば、もっと生産性が高まるのにとは思ったが、見渡す彼方まで続く池を前にし

汚濁した水路を示すエンリケ博士

アルビノテラピア

テラピアの収穫

テラピアの稚魚に個別認識タグを注入
(ベトナム)

て、まずは簡単に安く作ることが先決であると納得するしかなかった。

ノルウェーに視察に行ったときのことであるが、イギリスのたばこ会社が経営する大西洋ロブスターの養殖池を見学する機会があった。

大きなゴム引きのキャンバス布に覆われた円形の大きな建物があり、中に入ると明かりのついた空間に、同心円状の池の一部が開いていた。中央部から一〇～五〇cm幅までの水路が順次並んでいる。全部で内側から一〇列以上あったと記憶しているが、その水路には、サイズ幅いっぱいのプラスチックの網かごが浮かび、その一つ一つのケージの中に、内側の網かごには小さなロブスターが、外側にいくに従って大きなロブスターが一匹ずつ入れられていた。それぞれの水路には、同じ方向を向いたノズルから海水が注入されており、その水圧で網かごのケージは水路を周回している。幅二m

ほどの作業空間に案内され、暗幕で仕切られた中は見えないが、飼育員が一ケージごとにエサを入れている。サケ用の固形飼料が用いられていたが、栄養学的にはまだ十分な研究がなされていないように思われた。

流れてきた網かごの中に、二匹のロブスターが入っている箱が見えた。二匹入っていてケンカしないのですかと尋ねたら、二mはある大男が笑いながらエビを拾い上げてみせてくれた。それは、エビの脱皮殻であった。エビはこの脱皮殻を食べることで栄養失調にならないのだと言う。この考えを聞いて、驚くとともにうなってしまった。コレステロール成分が必須であるとか、イカミールを混ぜないと成長が劣るとか論じていたことなど、あっさりといなされた感じである。栄養学的な課題としては一〇〇％納得できないが、飼育方式としては「眼からウロコ」であった。

初期の設備投資をどこまで安くできるか、どこまで簡易施設とすることができるかが課題と考えられるが、注水エネルギー以外のランニングコストが要らないとすれば、あとは飼料の問題だけとなる。個体飼育となれば、健康状態を把握しながら、生の貝肉や配合飼料の組み合わせで十分と思われる。

その後、このような経営がどうなったか聞いていないが、生産の目的が資源保護にあり、二〇〇gになったら漁業組合が買い取って、放流することになっていたようである。根こそぎ獲り尽くしてしまい、大型のロブスターがいなくなってしまったことの対策としての、稚エビ生産システムであった。また、極寒の海水環境なので、大きくなるには長い年月がかかり、生産物としての出荷までは考えていなかったのだろう。大西洋ロブスターは、一〇年以上で一〇kg以上になるものもいる。

イセエビ用刺し網

国内では、三重県の水産試験場が、初めてイセエビのふ化に成功し、成熟エビまでの飼育を行ったが、最後まで残ったのはたった一匹であった。

卵からふ化したばかりの頃は、クモを叩きつぶした屍のような風情である。ウナギのふ化仔魚養成と同じく、エサの食べさせ方と汚れの除去が難しい。水の流れが強いと切れた屍のように流されて、隅っこに押しつけられ死んでしまう。また汚れによって腐って死んでしまう。ウナギもイセエビも、ふ化仔魚期にはガラスボウルで飼育し、残餌を取り除くことが大事な作業となっている。

この類の魚介類は、たいへんな数の卵とふ化仔魚が産出され、外洋を漂いながら、運よく外敵に遭遇せず適切なエサにありつけたものだけが生き残り、接岸してくる。そして、生き残るのに好都合な隠れ家にたどり着くことができたものだけが変態して、生存競争に立ち向かう権利を有する。

シラスウナギは、寒い北洋に向かう海流に乗ってしまった群れは死に絶えてしまうだろうし、川をさかのぼりエサの豊富な沼に戻れなかったものは体力も衰え、他の魚の餌食となってしまう。

イセエビ稚エビ捕獲用木枠と養殖業者

稚エビは、沼や砂地に上陸してきたのでは隠れ家もなく、そのうち誰かに喰われてしまうしかないだろう。無事に生き残れるのは、数千万分の一か数億分の一の確率ではないだろうか。

現在、ＦＡＯの持続的養殖プロジェクトのガイドライン作成に専門家として参画しているが、小さいモジャコやシラスウナギ、イセエビ稚仔魚を種苗として養殖することが、資源の有効利用になると報告した。

ニホンナマズの養殖

■ニホンナマズ　日本鯰　英名：Japanese catfish　学名：*Silurus asotus*
キャットフィッシュ　アメリカナマズ　英名：Channel catfish　学名：*Ictalurus punctatus*
生産地：埼玉・茨城・千葉　統計数値なし。

ナマズの養殖池

一九七七年頃だったと思うが、まだ飼育が確立されていないニホンナマズの養殖を試してみることになった。埼玉県の水産試験場から、平均五〇gのナマズの稚魚一〇〇尾を夏前に入手して、三〇坪のコンクリート水槽に放養し、飼育を開始した。一日に四〜五回ドライペレットをまくと、水面にまで上がってきて元気よく盛んにエサを食べ、日ごとに大きくなっていった。そのうち、飼育水は植物プランクトンが繁殖して緑色になり、ナマズの姿は見えなくなってしまった。それでも一日に三回は、池の同じ場所でエサをまくと、大きくなったナマズが、少し顔をのぞかせて、エサを食べる様が見えた。

夏が終わる頃には、ニホンナマズの体重は数倍になったようで、エサをまいても姿は現さないが、水が湧き立つ様が見てとれたので、間違いなく育っていると信じていた。秋になってナマズを取り揚げたら、驚いたというよりもショックと言ったほうがよいだろう、なんと二kg以上に育った立派なナマズが揚がった。それも、たった一匹だけである。データも何も取らずにただ親魚を育てられればよいという指示だったので、一〇〇匹のうち三〇匹くらい残っていれば・・・と考えていたのであるが、共食いの結果が、たったの一匹になってしまったのである。自然界では共食いによって種が維持される仕組みが多く存在していると感じている。

食べたことがある人ならば、天ぷらにしてプリッとしたあの旨さを知っているだろうが、今やナマズは農薬の影響で、自然界での生息が極端に減り、荒川周辺の淡水魚料理屋でも入手が難しくなってきており、何とか養殖して増やしてほしいと言われたのだが、一匹しか大きくなっていなかったことに、改めて飼育の難しさを思い知らされた。このときの経験から、在庫をしっかり管理して、適正なエサを与えることが養殖経営の基本であることを痛感したのである。

現在では、ナマズの種苗生産も容易になり、共食いの激しい稚魚期には自動給餌機を使用して、まんべんなく高蛋白・高カロリータイプの浮き餌を与えることで、共食いを抑制でき、元気で栄養価の高いニホンナマズが養殖できるようになっている。

埼玉県の水産試験場で給餌頻度を増やし、吉川村というところで養殖経営ができるようになっている。ぜひ、そこに食べに行ってみてほしい。淡水魚に馴染みがなくなってきているので、これからの若い人がそれを食べる習慣を持たないと、養殖事業は衰退し、ただの貴重な魚としての価値しかなくなってしまう。昔は重要な蛋白源だったのに、今の自然界では棲息が激減し、いざ食べたいと思っても、法外な値段となってしまっている。ナマズも、コイもアユも、とてもおいしい魚であり、それほど高い値段でなければ、時々食べてみたいと思う魚である。

自然界で魚の生息数が減り、漁獲可能な食用魚の種類がどんどん減っている。若い人には、魚の名前もよく知らないのが当たり前となっている。自然界で多くの生物が絶滅していくとともに、日本人が食べる魚種が少なくなっていることに、危機感を感じるのは私だけではないだろう。健康や安全のためにも、より多くの魚介類を食べるようにしていってほしいと願っている。

料理されるナマズ

＊ナマズのトゲ＊

アメリカで一〇万t以上の養殖量となっているチャンネルキャットフィッシュ（アメリカナマズ）を、アメリカから一〇〇〇尾ほど入手したのが一九八〇年頃のことである。

飼料栄養の飼育試験を進めていたとき、コンクリート池の中の二〇g前後のアメリカナマズを取り揚げた。網ですくいバケツに入れていたのだが、網に絡まったナマズを手で捕まえようとしたとき、手のひらに痛みを感じた。たも網の針金でも当たったのかと気にも留めずに、そのまま作業を続けていた。残り少なくなったアメリカナマズを、また手で捕まえたら、手のひらに胸ビレが刺さった。「痛い！」と魚を振り払ったら、一緒に作業をしていた同僚が、どうしたのかと不思議そうな顔をした。「この魚、刺すぞ！」と言うと、みんな笑っている。アメリカの文献では、ナマズに刺されたという記事は見ていなかった。幸いナマズが小さかったのと、毒は持っていなかったのでたいした痛みではなかったが、予測していなかったことだけに驚いてしまった。同僚たちは、「馬鹿だな」という顔をしていた。

しかし、その後何度もナマズの取り揚げをしたのだが、サイズが大きくなってくると、刺されたときの痛みは強く、他の人たちも同様の洗礼を受けるようになった。どうして刺されるのか調べてみたら、ナマズの図を見ると、背ビレと胸ビレを立てて身を守っているようである。さらに、解剖してみてわかったのだが、普段はヒレを体側につけて倒した状態で泳いでいるが、興奮するとこれらのヒレを立てるようであった。刺そうとしたのではなく、鋭い背ビレや胸ビレを広げ、外敵から身を守っていたらしい。それを知らなかったので、コイやニジマスを扱うのと同じように、手でナマズの体全体を握ってしまい、とがったヒレの先が手に刺さってしまったのである。

これには、アメリカと日本の水質、とくに硬度の違いがあるのではないかと思う。水質の大きく異なる国に連れてこられたナマズは、神経質にならざるを得なかったようである。アメリカ国内で飼われている場合には、ほとんど興奮することもなく、また、ごついアメリカ人の手は、分厚くて丈夫なのかもしれない。

最近、霞ヶ浦で養殖していたアメリカナマズが、飼育生け簀が破れて逃亡し、自然に繁殖するようになった。定置網などにかかった大型のアメリカナマズがヒレを立て、網に絡まり大変だったようである。しかし、その身は刺身にしても、焼いて食べてもおいしいので、いい値で売れていると聞く。

　外来魚が、自然の生態系を変えていくことになる、このような事態は予測していなかった。予測できなかったのではなく、日本国民のため、安くて美味しい蛋白源になると信じて、飼育が進められたのである。そのうち新しい生態系のバランスに移り変わっていくと思われるが、種の絶滅や、有用種の減少につながらないことを祈りたい。

　このアメリカナマズの強敵が、ベトナムに現れた。といっても外敵ではなく、メコンデルタなどの河川で、網生け簀で飼育されているメコンナマズのことである。最大体重は一〇〇kgを超えると聞いたが、成長が早く、安い飼・餌料と安い賃金で育てられるので、あっという間にアメリカナマズの消費市場を奪い始めた。そこに危機を感じたアメリカは、自国の養殖漁民を守るために、「ダンピング課税」と称して高い税金をかけて、メコンナマズを輸入できないようにしている。メコンナマズも貴重な養魚生産であり、別の輸出先や流通方法を探して生き残ってほしいと願うものである。このような障壁を乗り越えたものは、さらにアメリカのナマズ養殖の強敵として育っていくことだろう。

マグロの養殖

■マグロ　鮪　英名：Bluefin tuna　学名：*Thunnus thunnus*
生産地：沖縄、鹿児島、長崎、高知。統計数値なし。

体重一〇〇kgを超えたマグロが、網生け簀の中を悠然と泳いでいる。これは、日本栽培漁業センター石垣島支所のキハダマグロである。エサを求めて、生け簀の中からこちらを見ている。エサのサバを投げると、飛びついてきてあっという間に一口で飲み込んでしまう。水面からのぞく背ビレや胸ビレの黄色と、輝くような青い肌は、食べるために飼っているとは思えないほどきれいである。ブリ用に開発した、高油脂含量のEP飼料を与えてみる。初めは、鼻先でそっと押しただけで身を翻してしまったが、こちらが彼らの欲しい生魚を与えないとわかると、仕方なしに飲み込み、吐き出しを繰り返していたが、そのうち食べてくれるようになった。

養殖マグロの生け簀

マグロが何日間も配合飼料を食べてくれないと、我慢できず、生魚を与えてしまう。そうなったら、もうマグロのほうの勝利で、いつまでも生餌を待つようになってしまう。しかし、配合飼料に馴れてしまえば、先を争って食べるようになる。長いと、一カ月以上の我慢比べになることが多い。

近畿大学の熊井教授らが、マグロの完全養殖に成功した。天然のクロマグロの稚魚を捕まえてきて飼育を開始したのであるが、はじめは神経質なマグロが壁に激突したり、水槽の外に飛び出してしまったり、突進して網生け簀を破ってしまったりという状態であった。それらのマグロは、致命的な頭部の打撃を受けているため死んでしまうのだが、二、三歳になると、外海に逃げていってしまうほどの突進力があり、網を二重にしておいても網に穴をあけて逃げてしまうことがあった。

また、「パンチング」と称しているのだが、神経質なマグロは、エサやりに近づいていった船の音や船縁の物音に驚いて、パニック状態になってしまう。また、網生け簀の中にイワシなどの小魚の群が入ってきたときに驚いたり、エサを追いかけたりして、狭い生け簀の網に突進してしまう。魚は、音や振動にとても神経質なことが多く、海岸線の堤防工事や、海辺の建物の基礎を打つ騒音などにも反応して、パンチングを起こしてしまう。

マグロの養殖筏

天然で漁獲されたマグロの稚魚を人が手で触ると、肌やけを起こしてしまうので、優しく取り扱い、生かしたまま養殖場まで運んでくるのは、大変なコストがかかる。そのため、二〇〇gから一kgのクロマグロの子ども「ヨコワ」は、一匹二〇〇〇円から五〇〇〇円もするが、その半数が死んでしまうことも少なくない。

マグロに限らず、馴致している段階の魚を見学するときは、余計な物音をさせないように注意してほしい。また、養殖場の近くに建物を建てたり、重機を動かさなければならないときなどは、必ず養殖場に連絡を入れ、漁協や試験場などのアドバイスを参考にすべきである。

近畿大学のマグロは、このような苦労の末に、親マグロにまで育てることができ、産卵させることに成功したのである。大学の先生方や、かかわった多くの学生の皆さんの努力の成果であり、日本の養殖技術の先駆性を示すものである。

完全養殖とは、このような親から生まれたマグロの子どもたちを、また苦労して育て上げ、成熟・産卵させることである。そのようにして得られるクロマグロは、人間の手で育てやすい素質を備えていくようになる。パンチングをしない穏やかな性格や、人間が与える飼料を喜んで食べてくれるようになるのである。水産養殖の世界で、繁殖が可能になった魚種は数多いが、クロマグロの種苗生産技術は、養殖経営に大きく貢献する開発であり、世界的に賞賛される成功の一つであるといえる。

国内では、多くの地域で天然マグロの稚魚から二〇kg、一〇〇kgの成魚が育ち、安定した出荷レベルになった。種苗生産稚魚が経済的価格で販売されるまでには、しばらく時間がかかると思われるが、天然ヨコワの馴致技術や、飼育方法のノウハウが蓄積されてきた。また、問題であった肉質も、取り揚げ・活け締め技術が改良されたことにより、市場での評価が上がってきた。これについては、体温が比較的高いマグロを苦悶死させると、肉質が軟らかい「ふけ肉」となってしまい、二級品扱いされてしまう。即殺して、体温をいかに早く下げられるかが勝負であり、取り揚げ現場は、さながら怒号の飛び交う戦場のようである。「一分・一秒が勝負の分かれ道です」と責任者は言っていた。少しでも時間がかかると、解体したときに肉質が悪く、キロあたりの単価が数百円以上違ってしまうという。

天然稚魚を導入した際に、飼育中に与えていたサバをパッタリ食べなくなったので、アジやイワシを与えて御機嫌をとったりする。台風や嵐の最中に、網が壊れて逃げたり、つぶされたりしていないかと眠れない夜を過ごすことも多い。このように、取り揚げ・出荷するまで心配はつきない。マグロだけでなく、すべての「人の手で育てられる魚たち」に、多くの人の苦労と愛情が注がれていることを知っていただけたら嬉しい。そして、魚たちの飼育環境をこれ以上汚さないために、有機ゴミの排出をできるだけ減らすことと分別廃棄により、資源が有効にリサイクルされるよう努力していかなければいけないと思う。

2. 世界の水産養殖の課題

世界の養殖事情

食文化の歴史はさまざまであるが、今後世界が直面する食糧危機に対処していくには、穀類を主食として魚を副食とする「魚食文化」の導入を図ることが欠かせない。その「魚食」の一端を担う養殖は、これからますますその必要性を増してくるものと思われる。

東南アジアでは、日本・オーストラリア・アメリカ等の援助や、国、大学の研究機関の研究開発に支えられて、海岸線や河口のデルタ地帯に発達した粗放的養殖（無給餌養殖や施肥養殖）が、人工種苗生産技術を中心に、大幅に改良されながら発展してきている。また中国では、内水面漁業に対する依存度が昔から高かったが、次第に粗放的養殖から、コイ科の魚を中心に、ナマズやテラピア等、半高密度給餌養殖が発展し、世界の養殖生産量の約半分を占めるまでになっている。

現在では、世界の養殖生産の九〇%がアジアに集中している。欧米でも、ニジマスやキャットフィッシュ、北欧でのサケなど、早くから養殖技術が発達してはいたものの、畜産物に依存する食文化が中心であったため、地中海沿岸国や北欧の漁業国を除くと、人口の割には養殖生産数量の伸びはさほど大きくはない。

主な養殖魚種における地域的な特徴としては、日本や欧米などの先進国で多く消費され、高い値段で取り引きされるエビは、主に東南アジアから南米、および中近東などで育てられている。またマグロは現在、地中海やオーストラリアなどで急激に生産が増えており、ウナギは日本と中国・台湾、およびデンマークなどで養殖されて一大産業となっている。

飢餓問題を抱える東南アジアやアフリカ、および南米などの開発途上国では、テラピアやナマズがその国の重要な蛋白源として、養殖の基盤となっている。

養殖魚の大半は、日本や欧米などの先進諸国の、高い魚価をターゲットとして生産・輸出されており、特にエビ・マグロ・ウナギ・サケといった代表的な養殖魚種は、その典型である。これらの魚種は世界をまたぐ取り引きとなっており、国際相場といわれる生産物取引価格が、毎日業界紙に掲載されている。したがって、養殖生産の原料資源である天然種苗の漁獲量や、飼料原料としての魚粉・魚油の生産と各国の購入状況、世界的な水温と水質環境の変化、致死率の高いウイルスの発生などの情報は、またたく間に世界を駆け巡り、国際相場に影響を与えることとなる。しかし、食糧問題の解決策として、このような養殖魚のマーケットを見ると、飢餓を抱えるアフリカや中南米などでは、魚食文化が浸透していなくても、養殖に寄せる期待は高いのだが、お金のある先進国が高い値段で養殖魚を買っている間は、どうしても養殖魚種は高級魚に偏ってしまい、食糧不足に悩む国の助けにはなりにくい。

しかしこれからは、国際的な協力体制の中で、安価な魚種であっても収益の出る養殖経営を確立し、飢える国々への魚食文化の普及を進めていかなければならない。

また、開発途上国の僻地での粗放的養殖生産を援護するものとしては、道路整備や電気設備のような社会資本への資金投下や、配合飼料製造における高等技術システムの導入が待たれる。それは決して、日本の最新の養殖生産技術を、そのまま持ち込めばよいということではない。先にも述べたが、世界の養殖は粗放的養殖スタイルがほとんどで、施肥養魚を基盤にしている。そこで必要なのは、栄養不足を補う補助飼料の開発である。適正飼育に必要な飼養管理技術の基礎データを集積して、適切な水質管理と適正放養尾数、適正給餌量について、現地での試行錯誤を重ねて飼育マニュアルを完成させることである。

養魚飼料とモイストペレット

約三〇年ほど前のことになるが、養魚飼料の研究で開発したモイストペレットという新形態の飼料を、長崎にある大手水産会社に持ち込んで、ブリに対する飼育試験を実施してもらった。そこでは飼料としてもっぱらイワシやサバ等が凍結状態で運び込まれ、適当なサイズに粉砕されて与えられていた。モイストペレットとは、エサ中の蛋白質とエネルギーの比率を適正にし、粉末配合飼料を混合・整形したもので、生魚飼料の変敗や酸化を緩和するよう機能性原料が補助配合され、粘結剤によってしっかり固めることで捕食率を高める、というものである。

約三カ月の給餌試験後、試験生け簀の魚をすべて取り揚げて総重量を測定した結果、MP投与区の生残率も魚の重量効果も、従来の生魚飼料投与区より大きく優れていることが認められた。しかし、水産会社の研究責任者からは「味はどうなっているんだ?」との問題が出され、急遽食味テストが実施されることになった。

生餌を与えられたブリと、モイストペレットを与えられたブリが並ぶと、見た目では明らかにモイストペレットのブリのほうにきれいな黄色い側線が現れていた。それは、ペレットに配合されていたオキアミミールに含まれるアスタキサンチンが、ブリの体表を明るくしたものと思われる。さばいてみると、両者の違いがさらにはっきりわかった。モイストペレットで飼育されたブリの筋肉は明るい赤色であるのに対して、生魚で育てられたブリは暗赤色であった。ただ、モイストペレットのブリも半日皿に盛っておくと、血合いの部分から徐々に暗赤色になっていった。この差は、ペレットの粉末に含まれていたビタミンCやビタミンEの効果であることが後日解明された。

さて、問題の試食評価である。小皿に醤油を注いで食べようとしたときに、先の研究責任者から「醤油をつけたら味がわからなくなるから、そのまま食べて評価しなくてはいけない」という意見が出された。そこで、何もつけずに食べ始めたのだが、みんな黙り込んでしまった。その研究責任者も一口刺身を口に放り込んで食べたところ、苦虫をかみつぶしたような顔になってしまった。どちらのブリもとても不味かったのである。「堅さや滑らかさはわかったので、次は醤油をつけて食べてみましょう」と私が言うと、みんな醤油をつけて食べはじめた。当の研究責任者も黙って醤油をつけて食べ比べた。

結論は、どちらもほとんど差がないということであった。そしてさらに、刺身は醤油をつけて食べてこそおいしいものなのだという、「瓢箪から駒」のような発見をしたのである。

天然魚と養殖魚

この食味テストの後、ブリの筋肉成分分析を行ったところ、水分含量や油脂分に両者で大きな差があることがわかった。また、この成分の違いが、どのように味覚に影響するのか改めて食味比較したのだが、生魚で育ったブリを美味しいとするのは年配者が多いグループで、モイストペレットで育てられて油脂分の低いブリを美味しいとしたグループには、女性や若年層が多かった。さらにその二〇年後に、生魚餌料とモイストペレット、完全配合固形飼料（ＥＰ飼料）の三種類の飼料で育ったブリについて、鹿児島県の水産試験場が全国を対象に評価報告をまとめた結果からは、都会と地方の違いや年代、男性と女性の好みの違いがはっきりと現れていた。

食歴によって好みが左右され、売り手としてはどのような商品を品揃えするのかが商売繁盛のカギとなることから、相談を受けたときによくこの例を伝えている。基本的には、飼料と飼育方法によって、刺身筋肉部中の油脂含量を一〇％台から三〇％近くにまで増やすことができる。

天然の寒ブリと、イワシで育てた養殖ブリとでは、脂の質や肉質の赤みなどで大きな違いがある。脂ののりすぎた寒ブリは、何切れも食べられるものではない。むしろ脂ののりを抑えた養殖ブリのほうが美味しいと思っている漁師は多い。ヒラメやトラフグに至っては、食味テストによっても、また成分分析によっても、天然ものと養殖ものの差はない。

養殖の抱える世界的課題

① 外来種の導入に伴う問題

世界の大多数の養殖漁業は、施肥養魚を基盤とする生産システムであるが、日本や先進国で発展してきた養殖ビジネスは、価値の低い魚や穀物等の安価な資源を、美味しくて高価な魚に替える経済活動として事業化できている。したがって、より高く売れる魚介類が選択的に導入されてきた歴史がある。そのため、導入した魚種が本来はその地域に存在していなかったものであることも多く、養殖に当たってはさまざまな問題がつきまとうことになる。たとえば有名なサケ科の魚で、カナダ太平洋岸には生息していなかったアトランティックサーモン（大西洋サケ）を、バンクーバーやシアトル沖の太平洋岸で飼育していたが、養殖生け簀網が破れて自然界に紛れ込む事件が発生した。もともとその地域に分布しているサケと、導入種の大西洋サケとの生存競争が発生して、生態系が変わってしまったことが問題になった。その結果、カナダでは、外来魚導入型の養殖活動は禁止となり、自然保護が優先されることとなった。

このようなことを教訓に、世界中で同じような在来種の保護運動が進められ、一部の国や地域では、外来魚の養殖や種苗の導入禁止が始まっている。

日本各地で飼育されているニジマスも、本来は日本にいなかった魚種で、明治時代以前に養殖技術とともに日本に導入されたものである。福島県や岩手県で飼育されているギンザケも、北米から導入されたもので、今でもアメリカやカナダから疾病や感染症のないことが確かめられた親魚からの受精卵や、それから人工ふ化・生産された種苗を購入している。また、かつて食用として導入したウシガエルのエサとして緊急輸入されたアメリカザリガニも、本来は日本にはいなかった生物である。

これらの例はほんの一部で、世界ではさまざまな養殖魚種が国境を越えて持ち込まれ、移動しているのが現実である。そして、養殖用ではないが釣りの対象となるブラックバスや、観賞魚として輸入されたブルーギルサンフィッシュなどが後に自然界に紛れ込み、その地域の有用魚種を食べてしまい大問題となっているのも事実である。陸の害虫のように、目に見えて駆除できるほど水系は単純ではないので、ブラックバスの完全駆逐は、そう簡単にはいかないであろう。ただし、ブラックバスが増えすぎて、その水域の魚介類が激減してしまえば、ブラックバスもまたいなくなってしまうかもしれない。

また、テラピアのような熱帯魚は、普通なら寒冷地では死滅してしまうのだが、中には厳しい日本の冬を温泉地帯や沖縄などで生き延びて、地域に根付いてしまった魚介類が見られる。

海外からの生物の移植には、在来種との棲み分け競合という問題以外に、新たなる病気の持ち込みという問題も含んでいる。日本でもエビの養殖について、飼育が難しいクルマエビよりも生産性の高いバナメイ種を導入したほうが、より安くて美味しい活エビを提供できると考えられるのだが、自然環境への影響や疾病の問題から認可されていない。

②　厳しさを増す種苗資源の確保

マグロやカンパチ、そしてイセエビ等は、乱獲によりその資源の枯渇が懸念されており、天然種苗の漁獲や養殖を規制しなければいけないというところまで話が進んでいる。「あと三〇年もすると、世界の自然界の魚は絶滅する」との論文まで出てきているのには驚かされるが、実際に世界を歩いてみると、多くの自然が、以前の姿に引き戻せないほどの姿に変化してしまっていると感じることがある。

地球温暖化により、冷水魚はどんどんと北部海域へ移動し、その生息域が狭まりつつある。また、今まで見られなかった熱帯魚が日本近海で泳ぐようになり、本来日本原産である温水魚類の生息域も、北に移動せざるを得なくなっている。新たな産卵海域が見つかればよいのだが、適地を失って絶滅していく魚類が増える可能性も否定できない。

ニホンウナギの稚魚のシラスについては、かなり以前から、国内では県外移動禁止措置が取られ、台湾・中国・韓国でも国外への種苗持ち出し禁止等の法令が制定されている。つまり、規定のサイズにまで育てなければ輸出入が認可されないことになっている。また、カンパチ種苗は、中国やベトナムから年間一五〇〇万尾以上輸入されているが、国内需要の大半を賄う数量となっている。

ベトナム政府筋は、カンパチ種苗を成魚にまで育ててから輸出することで外貨獲得を増やしたいとの意向を持っていたが、ベトナム沿岸海域でカンパチを成魚まで育てるということは、実現性には乏しい。しかし、貴重な種苗資源を大切にし、少しでも大きく育てて外貨を獲得したいという思いは、各国でますます強まっていくと思われる。

③ 増殖による魚は誰のものか

有用魚種を、例えばヒラメやマダイなどの種苗をふ化させ、その稚魚を放流して漁獲を高めようとするのが「増殖」であり、種苗生産放流が、国家規模で積極的に行われている。これはあくまでも食糧としての漁獲量を増やすためである。

しかし、公の海では、他国の漁を制止できないというリスクがつきまとう。例えば、枯渇が懸念されているマグロについて、東南アジア海域で人工ふ化して放流し、大きく育って北上してきたところを漁獲すればよいというグローバルな考えがあるが、公海上のマグロには誰にも所有権がないので、日本近海に北上してくる前に、他国の漁船の網にかかってしまえば、ふ化・放流のコストは回収できないことになる。

ベトナム、ハロン湾海上の魚介類蓄養・養殖施設とレストラン

＊サケは地球を巡る？＊

サケの生息域は北半球だけであるが、南半球でサケを増殖させることを考え、何人もの日本の技術者がチリでサケのふ化・放流を繰り返した。その後、何年もの間、サケが遡上してこないことがニュースにもなっていた

が、ある年、北半球でサケが溯河してきたことを伝え聞いた。南半球では磁気が反対なので北半球から持ってきたサケは、北のほうに泳いでいったために南半球の河に戻ってこないのではないかと論じる研究者もいて、部外者としてはロマンあふれる話だとして受け取っていた。どうやって南半球の河に戻れたのかサケに聞いてみたいものだが、長い年月の間には異端児が出て、途轍もないことをやってのける輩もいるのだろう。

このまま温暖化現象が進むと、日本が熱帯地域になる可能性があり、そのような中でアユやヒラメが日本で生き残っているとは思えない。その頃日本に住む人は、極彩色豊かな熱帯魚を養殖し食糧としているかもしれないが、寿司種には似合わない。現在、世界中の海や湖で、おびただしい数の魚介類が絶滅に瀕しており、放ってはおけない状態である。環境浄化の取り組みも強化されるだろうが、一方で、水産資源の現状把握と人為的な種の持ち込みによる、資源確保への積極的な介入も不可欠であると信じている。

今後、生物種の棲み分け分布は、産卵・ふ化期の水温状況や競合魚、大型プランクトンなどのふ化率と共食いのバランスによって、毎年予測もつかないほど大きく変動していくと考えられる。こうしたことに対応して、その水域の種の多様性を保つことを狙いとして、生態系の把握や外来種の導入、放流といったことも、研究の組上に載せていくことが必要である。これからは、人類が有効活用できる魚介類資源の総生産を増やすための研究と、最適な漁獲のタイミングや漁獲枠の管理が国際社会の重要なテーマとなっていくであろう。

＊増え続けるクジラ＊

魚ではないのだが、クジラ資源について触れておきたい。

一九八六年から商業捕鯨のモラトリアムが今日まで続いており、この二〇年余りの間にクジラはどんどん増え続けている。増え続けたクジラが食べ尽くしている魚やイカ、オキアミ資源は、人類の食糧資源と真っ向から競合するものである。増えすぎてエサ不足になったクジラは、体力を失い繁殖力も低下するといわれている。そうなる前にクジラを間引いて、人間の食糧とすることが、大海原を牧場とする人類の最も有効な食糧生産となる。例えば、五tのクジラを十万頭捕獲すれば、五〇万tの食用資源となる。しかも、このクジラが一生のうちに食べる魚介類は、三〇〇〇万t近くになると考えられるので、人類はこの三〇〇〇万tの魚介類をも手に入れられることになる。

クジラ（荒木公敏）
http://www.catv296.ne.jp/~whale/

クジラのほうは、適当な数が間引かれることによって、豊富なエサが食べられることになる。
生物資源の特徴は、一〇〇引く三〇が一〇〇になることにある。間引かれなかった残りの七〇のクジラが、繁殖力を取り戻し、一〇〇に戻ってくれるのである。適正な間引き頭数は、クジラの種類や漁獲地域ごとに、きちんと取り決めればよい。人類のもつ科学技術は、このような資源の正確な把握・追跡をも可能としている。

海洋での養殖に関して問題になることの一つに、船舶のバラスト水（積荷のない状態の船体を安定させるために船底のタンク注水される海水）による生態系の破壊がある。バラスト水は、立ち寄る港で、荷物を積み降ろしするときに排出されるのであるが、荷降ろしした空船のときに海水を注水した港と、荷物を積んで海水を排出する港が異なるため、バラスト水に含まれる水生生物が多国間を行き来し、生態系のかく乱が問題視されているのである。またバラスト水だけでなく、日本から輸出されたカキの種苗などに紛れ込んだ海藻や魚介類が、輸出先の海域で大繁殖して、大切な資源を食い荒らしたり、天然魚や養殖魚介類のエサとなる海草類の繁殖に影響したりと大変な騒動になることがある。放っておくと、大切に育てている魚介類が大きな被害を受けてしまう。バラスト水一つとっても、なかなかやっかいな問題である。

東京海洋大学では、バラスト水中の生物の駆除・滅菌に関する実験施設を立ち上げている。いろいろな研究機関で滅菌技術が提案されてはいるが、実証実験が行える大型施設の建設が難しいことから、静岡県清水市に設置されている東京海洋大学の港湾実験設備で行われている。

もう一つ問題となっているのは、新たな養殖池の造成のために、マングローブの森や海岸線を破壊していることである。マングローブの森が担う、陸水からの汚濁を浄化する機能が失われてしまったり、海岸線が、津波等の大波による浸食や破壊から人々や畑を守っているという自然界の相互作用が崩れてしまうのである。さらには、マングローブの森で育まれる、多様な魚介類の繁殖と、稚魚のゆりかごとしての役割が消滅することの影響は少なくない。

④ 養殖適地の減少と管理された内陸養殖

海岸線や河川、湖沼の周辺が水産養殖には適切な場所であるが、日本のように国土の狭いところでは当然のことながら、宅地や工業用地、用水の確保のために、養殖適地が年々大幅に減少している。

また、世界中の養殖産業が抱える問題として、「水資源の確保」があげられる。淡水養殖に関しては、溜池を管理・確保して水質浄化技術の伴った養殖を促進し、農業や畜産業にも利用できるようにしなければならない。

その先進的な例は、先にも述べたが、山の中で電力中央研究所が開発しているヒラメを飼育する技術で、淡水魚だけでなく海水魚を人工海水で飼育し、疾病発生のない経済的生産を可能にするものとして期待がかかっている。完全循環濾過方式で、自然に蒸発・逸失する水分を補うだけの養殖池設備である。大量の汚濁温排水を排出するための熱エネルギーのロスをなくすことができ、ローコスト経営の可能性を引き出している。この、最適水温と水質環境の制御された養殖池で、適正な密度で飼育された魚介類は健康で、疾病や有害物の汚染がなく、安心・安全な美味しい肉質の魚が期待できる。今後、気候や燃料費等が不安定になればなるほど、近い将来、養殖経営方式の選択肢の一つになるかもしれない。

⑤ 配合飼料と飼料原料資源の見通し（魚粉・魚油）

二〇〇七年の世界の養殖魚の生産量は七〇〇〇万tを超えると推定され、養魚のために消費された配合飼料は、二〇〇〇万t程度と推定されている。二〇〇五年度は六五〇〇万t超で、その九〇%がアジアで生産されており、そのうち配合飼料を用いた給餌養殖で生産されている魚介類はせいぜい一〇〇〇万t程度と考えられる。また、日本の養殖のような完全配合飼料（※）型と呼ばれる生産は、世界の養殖生産の一〇%にも満たず、その中で魚粉を六〇%も含有する養魚専用配合飼料を使用して養殖されている魚介類は、世界中合計しても一〇〇〇万tを超えることはない。そのうち、さらに高蛋白で高品質の魚粉で育っているものは、六〇〇万tほどである。

ほかにも、魚粉含有量の少ない養魚用配合飼料や、サイレージ飼料と生餌を混合した混合飼料等が製造販売されているが、これらに使う魚粉原料は、一四〇万tから二〇〇〇万tくらいの需要があり、南米を主な生産地とする養魚用魚粉の世界的な争奪戦は、ますます厳しさを増している。さらに、畜産飼料にも二〜三%程度に魚粉が使用されており、今後、三大穀物である大豆粕やトウモロコシ、および小麦の生産が低下すると、魚粉への依存度が高まることが考えられ、養魚用飼料原料としての魚粉の生産と需要はかなりひっ迫したものとなることが予想される。

魚粉にされる原料魚のイワシやアジ、サバなどの多獲性魚類は、そのままでも人の食糧となりうるものであり、今後それらの魚の漁獲量が大きく減少してくれば、魚から魚を作るという養殖漁業は、新たなる未利用飼料原料資源を開発しなければ生き残れない、という運命が待っている。

世界の養殖生産量の半分以上を占める三五〇〇万t強の魚が、中国で飼育・出荷されているが、その主要な養殖魚種であるコイ科の魚には、雑草類と、発酵を促進させる酵母や細菌の「たね」、それに栄養を強化するためのビタミンやミネラルと漢方薬を混ぜたものを、サイロの中で発酵・貯蔵したエサ（サイレージ飼料）が与えられている。この中で、発酵処理は餌料が腐るのを防ぎ、消化性の悪い雑草類を消化しやすくし、微生物を繁殖させて蛋白質などの栄養を増やすためと考えられる。

東南アジア諸国の養殖生産では、養魚用配合飼料を用いた給餌養殖はごく一部でしかなく、生産量の七割は無給餌養殖で、配合飼料は、稚魚飼育や河川に設置された網生け簀での高密度飼育の残り三割の魚に対して使われているにすぎない。

天然発生的な餌料に依存する粗放的養殖や、半集約的な養殖に使われる混合飼料は、不完全なもので、その内容は、専用の配合飼料ではなく、食用にならない雑魚類や酒粕、糠や麸などに、栄養の偏りを予防するための魚粉や大豆粕とプレミックス（ビタミン・ミネラル類）などが適宜混合され、使用されている。

粗放的な養殖においては、施肥が主要な栄養補給源となっており、先にも記したが、養殖池の造成・整地の後に鶏糞や酒粕、糠、ふすま等の有機質原料を池底にまき、少量の水を注水して発酵と植物プランクトンの発生を待つ。必要な発酵有機物やプランクトン類とベントス（底棲生物群）が繁殖・蓄積されるまで、何度か施肥と注水が繰り返される。魚種によっては、繁茂した海草類等を再度天日乾燥させ、栄養成分の増産・蓄積のために腐敗・発酵を促す。こうして準備ができたら水深を高くして、種苗を導入する。あとは養殖池の中に蓄えられた栄養物を食べて魚が大きくなるのを待つのである。

施肥養殖では、単一魚種だけでなく、エビやサバヒー（ミルクフィッシュ）、コイ、ナマズの類が適量混合飼育され、養殖池の中の糞や、追肥として投入される雑草類の利用を促進する方法が、国や地域ごとに独特の発達を遂げている。

※完全配合飼料：天然餌料（プランクトンや餌料魚介類）を栄養源としない人工配合飼料

⑥ 疾病の要因

養殖で頭を悩ませる病因は、寄生虫である。寄生虫に汚染された海域では、食物連鎖の中で、その寄生虫の卵がプランクトンや小魚を経て養殖魚に伝搬するという道筋ができてしまい、毎年同じ時期になると鰓虫《えらむし》や肌虫《はだむし》といった寄生虫が大量に発生して付着し、養殖魚の食欲を減退させ斃死を招いている。

寄生虫が底泥中に休眠卵などの形で越冬する生物サイクルが定着してしまうと、春先になって卵からかえった寄生虫をプランクトンや小魚が食べ、それを鳥が食べるなどして、寄生虫の汚染海域を拡大していくことになる。

飼育密度の高い筏の中では、弱って遊泳力の衰えた飼育魚に寄生したり、稚魚のときに食べたプランクトンに寄生虫の前駆体が入っていて、やがて魚の体内で成虫になるものがある。このようなタイプの外部寄生虫は、エラや体表に寄生して飼育魚の栄養分を吸い取るのだが、早めに発見して、淡水浴や高塩分薬浴によって寄生虫を落とすことが可能である。寄生虫は簡単には死なないが、魚の体から離れてしまえば長くは生きていられないため、死滅する。

海面養殖では淡水の準備が困難な場合が多いため、過酸化水素水やホルマリンによる薬浴が効果があり、水温の上昇に気をつけながら、網生け簀の中に浮かべたキャンバス水槽の中で飼育魚を短時間浸ける。しかし、過酸化水素水は傷の消毒に用いるオキシフルの原料であり、とくに何も問題ないと考えられるのだが、いずれも食品としての安全性に問題があるとのことで使用は認可されていない。

また以前に、トラフグのホルマリン薬浴風景が隠し撮りされてテレビ放映され、大騒ぎとなってしまったことがあったが、ホルマリンは魚の筋肉内に浸透するものではなく、短時間のうちに消えていくものである。出荷直前の魚に使用することは無駄であり、そんなことは誰もしないので心配はない。テレビでは、ホルマリン液を直接筏の上から海面へ流し込んでいたが、これは効果がまったく期待できない馬鹿げた作業と言わざるを得ない。また欧米では、ホルマリンには適正な使用量の指定があり、魚病対策薬として認可されている。ホルマリンは寄生虫の除去力がとても強いので、産業的には早く認可してほしいと考えている。

このような薬剤の使用については、魚病対策の専門家を育成することと、現場での薬剤管理指導を徹底して、安全を確認するシステムを強化すればよいわけで、ただやみくもに禁止するだけでは養殖経営の国際競争力を失うだけである。

バランスのとれた配合飼料による養殖であっても、無酸素塊や赤潮に見舞われたり、水温が急激に変化したりすると、魚は消化不良を起こして健康度が低下し、疾病に罹りやすくなる。

「そのようなときは餌止めをすればよいのだ」と言う大学の先生や研究機関の専門家がいたが、それは、養殖業者に「首をくれ」と言っているようなものだということに全く気付いておらず、始末が悪い。四〇年前の給餌稼働率（※）は六〇％であったが、現在では三〇％台にまで下がってしまっている。これは環境水質の悪化が進み、赤潮や青潮の発生と、それによって体調を崩して摂餌不良に陥って餌止め日数が増えていることに原因がある。

給餌を止めれば利益が減ることになり、やれるときに投与しておかないと出荷サイズに達せず売りものにならない。疾病で具合が悪くなったときに、薬剤を投与することもままならない。厳しいけれども、餌止めするより多少の斃死があっても給餌を続けたほうが、高い生産性が得られる場合もある。

※給餌稼働率：飼育期間中に給餌できた日数の割合（％）。

⑦ 疾病対策 ～原因と対策～

群れで飼育している魚の健康管理は簡単ではない。牛や豚のように一頭ずつ観察・対処できる動物と違い、一つの池や筏の中に数千尾から数万尾の魚が飼われているため、健康管理は群れの魚を常にチェックすることになる。例えば、各県に設置されている水産試験機関では、網生け簀の隅で泳ぎが悪くなっている魚を取り揚げて魚病診断し、適切な対処方法を施すよう業者に指導している。

本来ならば、診断・対処よりも予防が大切なことはわかりきっているのだが、水中に生息する魚介類の消化管は外海水とつながっており、汚れた海域近くの生け簀では、常に病原菌と隣りあわせでいるので、飼育魚のほとんどは病原性細菌に感染している状態にあると言える。しかし、発病しないだけの体力が魚にあり、水質環境が急激に悪化しなければ、病斃死はそれほど深刻な問題とはならないのである。このような言い方をすると、養殖魚はすべて病原菌に汚染されているように思われてしまうかもしれないが、全く心配は要らない。魚と人間に共通する病原菌はないので安心してほしい。

養殖魚は生きている状態で取り揚げられ、活け締めして出荷されるという商習慣となっている。その際、すでに死んでいた魚や具合の悪いような魚は選別して取り除かれる。弱った魚を一緒にしていると、それがすぐに腐って他の魚の品質も下げてしまうので、必ず選別されている。消費者のところには、市場、問屋、スーパーマーケットと、いくつもの流通過程を経て届けられ、途中で鮮度の悪い魚はさらに取り除かれるので、おかしな魚が店先に並ぶことはまずあり得ない。たまに末端販売店の店先で、古くなった魚が売られていることがあるが、それは養殖業者の責任ではない。昔は、新鮮な魚を見分けられる魚屋の「目利き力」や、「顧客満足度を満たす判断力」があったが、トレーにパック詰めで安く買えるようになった現在では、生産者価格を抑え流通加工を簡略化したことによる歪みが出てしまったと言える。

飼育管理技術が悪くなければ、疾病による被害はそれほど大きくはならない。しかし、水質環境の悪化と消費の低迷からくる生産物価格の低下に、売り上げを増やして利益を維持せざるを得なくなったため、飼育尾数を著しく増加させて飼料の投与量も増え、その結果、水質環境の悪化が一層進んでしまった。そのため、感染魚の発病頻度が増え、高密度で養殖されている魚から魚に疾病が伝搬し、斃死魚が増加するという悪循環が起こってしまうのである。疾病対策の基本は、診断や対策よりもまず、持続的養殖を前提とした海域での生産量（飼育尾数）の制限と、適正な飼育管理（給餌制限など）が大切である。

⑧ 遺伝子操作

北海道大学で以前、遺伝子組み換えで作り出した成長ホルモンを、サケの稚魚に投与して成長を早められることが確認されたが、投与直後だけの効果でしかなかった。また、受精時ではなく、ふ化直後に性が決定されるテラピアに、ホルモンを混ぜた飼料を食べさせ、雄化させることによって養殖生産には不要な繁殖を防ぎ、生殖腺発育のエネルギーを不用とすることで大きく育てる方法が開発された。

ホルモン投与はふ化直後の数日間という短期間であり、その後数百グラムに育つまでには残留ホルモンはなくなることが実証されたが、消費者の不安感を考えると、しっかりした証明が必要であろう。

ある養魚場で、ふ化直後の稚魚にホルモン入りのエサを与えていたところ、一緒に飼われていた親魚がその餌を食べ、その親魚が出荷されていたのを見たときにはさすがに背筋が寒くなったのを覚えている。すぐに親魚を隔離するよう指導した。

現在ではホルモン投与は規制され、このような生産方式は残っていないが、遺伝子組み換え技術の開発と普及にあたっては、研究技術者の責任として、その安全性について指導・徹底していかなければならない。

テラピアの養殖は、海産養殖のマダイの生産過剰に伴って、価格の暴落から収益が減り、ほとんどが撤退してしまっている。しかしそれでも、世界のテラピア養殖生産量は数百万トン規模であると推定され、同一染色体をもった雄と雌の作製による、人体への悪影響や自然界への影響もない単性発生というクローニング技術が採用されているところもある。

養殖魚として成長がよく、疾病に強い健康度を備え、劣悪な飼育環境にも耐え、安い飼料でも生産効率がよく、しかも味がよくて成熟制御ができるような従来の交雑育種では不可能であった優良形質をもつ魚を、遺伝子操作により作出することが望まれる。そのためにまず始められているのは、魚が本来もっている特徴的な形質を、遺伝子レベルで解析することである。そこで得られた遺伝子を導入して、望ましい形質を備えた魚を作り出すのである。東京海洋大学では魚の遺伝子地図が解明され、これらの特徴を遺伝子レベルで選択・活用する研究が進んでおり、いち早く養殖魚において、遺伝子レベルの改良が人類を救うことになるかもしれない。

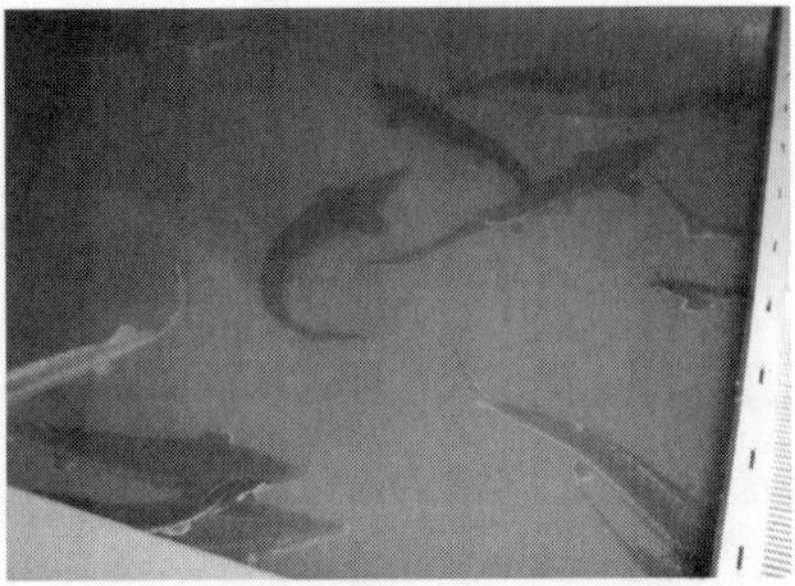

チョウザメ（樺太）

アメリカでは、遺伝子操作などで繁殖能力を不活化させたものであれば、外来種の導入を認めようとする動きもある。つまり、自然繁殖能力を失わせた、遺伝学的三倍体というふ化稚魚を作製するのである。もしこの魚が自然界に逃亡したとしても、繁殖力を持たないので、自然界へ影響を及ぼさないと考えられている。この三倍体魚は、生殖組織の発育がないぶん、栄養をすべて成長に振り向けられるので、成長の度合いがよいことが知られている。三倍体魚については、学会関係者の間でも議論が続いているが、自然界を現状維持しなければならないという考え方だけで、新魚種の導入を阻み、飢餓を救う養殖生産を拡大する余地を減らしてしまってよいものかどうかは疑問が残る。

⑨日本の水産養殖

一九八二年に、「第三次国連海洋法会議」で、いわゆる「排他的経済水域」を認めた「二百海里法」が実施されるようになってから（発効は一九九四年、日本は一九九六年に批准）、世界各国での水産養殖生産量は年々増え続けているが、日本の養殖は、ウナギやアユ以外の淡水養殖は激減しており、増え続けてきた海産魚養殖も、二〇〇〇年をピークに、横這い傾向か減少してきている。

国内の養殖は、食料としても美味しいイワシやアジ、サバといった多獲性魚類を主原料とした養魚飼料を活用し、高級な魚が高い価格で取り引きされていたことで成り立ってきた。

しかし、一九九〇年初頭のバブル崩壊後の不況と同時に、主婦や企業の財布のヒモは固く閉ざされ、高い価格の養殖魚の売り上げは極端に落ちてしまった。バブル期には一キロあたり二〇〇〇円もした養殖マダイや養殖ブリが、今や五〇〇円台にまで下がってしまった。これは、養殖生産者が作ることだけに専念し、販売することに熱心でなかったことにも原因があるが、養殖魚の取り扱いに量販店が参入したことにも原因がある。需要低迷期を背景に、例えば前年よりも五%買い取り量を増やすから、池揚げ価格（生産者の出荷価格）も五%安くしろ、といった量販店の要求に応えざるを得なかった面がある。ウナギやブリ、タイなどが安く買えることになったので、顧客満足度は得られたものの、池揚げ価格を買いたたかれてしまった生産者にとっては、収益幅が低下するために、さらに売り上げを増やさざるを得なくなり、その結果、飼育尾数を増やした過密な養殖を強いられていったのである。すると当然のことながら病気の発生が増え、成長は低下し、エサの効率も悪くなっていき、そこでさらに飼育尾数を増やすことになる。まさに悪循環のスパイラルである。

消費者の、安くて美味しいものを求める気持ちは当然だが、適正な値段を崩してしまうと、その時はよいかもしれないが、長い目で見たときには高い買い物になってしまうことも理解したうえで選択してほしいものである。

この二〇年間で、養殖業者の数は半分から三分の一にまで減ってしまった。海外からの安い生産物を購入して国内産業を潰し、国内の安全法の及ばない国から得体の知れないものを購入することになってはじめて、安心・安全を叫んでも遅い。

便利さを追求するあまり、われわれは国土を、また海域をひどく汚してしまった。そのツケが、食糧への有害物質の汚染として問題になっている。きちんと管理してある養殖生産物や畜産生産物を上手に選択して、バランスよく食べることが、健康の維持に不可欠となっていることを認識しなければならない。

⑩ 養殖生産物の安心・安全

養殖生産物は、トレーサビリティの容易な食品である。養殖魚は、親魚の飼育をはじめとして、飼料や環境などの飼育管理がきちんと把握されているのに対し、天然魚はどこの海域でいつ獲れたのか、どこの国から運ばれてきたのかなどについて、追跡困難な場合が多い。

農林水産省は、安全な食糧確保のために、天然魚についても有害物質の分析をもとに、安心して食べられるよう監視を進めているが、ＨＡＣＣＰシステムで安全管理をするという観点からすれば、養殖生産のほうがより安全であり、安心して購入してもらえるように生産されているといえる。

今日では、危険物質の健康への影響がまとめられており、有害物質がゼロということはあり得ないところまで分析精度は高くなっている。水産庁は、二〇〇四年にマグロ類や深海性魚介類を対象とした一五種五〇一検体の水銀濃度調査を公表した。この調査結果は、厚生労働省の薬事・食品衛生審議会に提出され、二〇〇五年八月に「魚に含まれる水銀の妊婦への許容量の見直し」が行われ、一回の摂取量が八〇gとした場合の頻度が公表された。つまり、マグロが美味しいからといって、毎日食べ続けることは避けなければいけないということで、バランスのとれた、多品種の食材をとることが、自分でできる最大の安全対策なのである。

海外からの養殖生産物についても、有毒物質の検査体制が整えられつつある。有害物質が検出されれば即輸入は停止され、該当魚種は安全が確認されるまでチェック体制が強化される。中国産養殖ウナギの、水銀や農薬の問題でも輸入規制が実施されたが、中国の各省政府の指導で、ウナギの加工工場に有害物質の分析検査システムが設置され、安全確認が可能となった。

しかし、国によって、養殖に使用する薬剤や環境汚染の度合い、飼料原料の検査体制などに違いがあるため、国内に入ってくる生産物の有害物質分析を水際でチェックすることは大変なコストがかかり、実施は困難な状況にある。

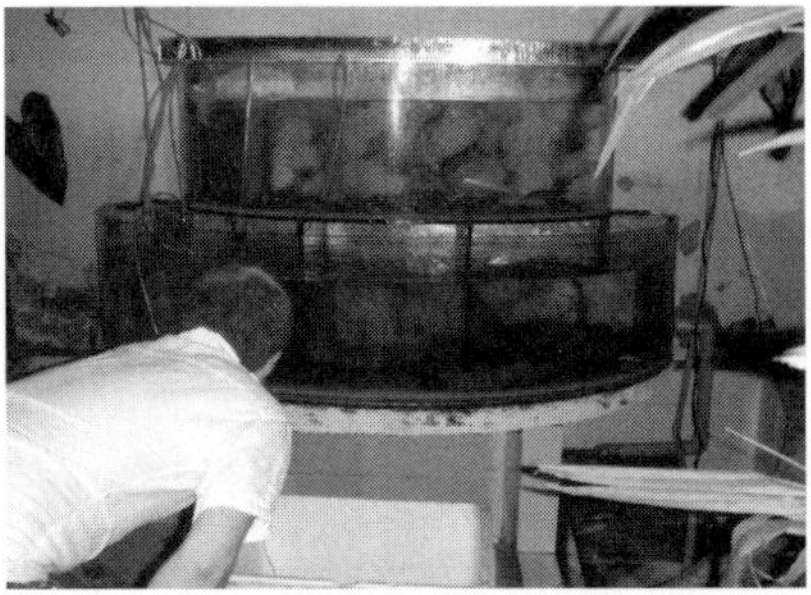

ベトナム、ハノイの活魚レストランで泳いでいたブラックタイガー（上段）とハタ（下段）

⑪ 食糧不足問題と水産養殖

将来的に拡大可能な食糧生産物として、魚介類の養殖に期待がかかっている。陸地の四倍もある水域にはまだ未知の資源が眠っており、資源量二億tと見積もられている南極のオキアミや、その資源量が未知の深海魚類などがある。当面人類が利用可能な資源として、海産魚介類の養殖は急速に開発が進んでいる。「捕鯨禁止」という、動物愛護運動と国際政治の駆け引きの道具とされているクジラ資源も、将来、食糧不足問題が深刻化したときには、もっと真剣にその開発が論じられることになるであろう。

杭州の淡水養殖

躍進する海外の養殖

一九七五年に初めて海外出張する機会を得た。現在ではアジア屈指の食品関連会社となった台湾の統一企業に一年間派遣され、ウナギの養殖をはじめとする養魚飼料の研究開発や、製造から養殖生産技術と、養魚飼料販売活動までを指導した。そのときにサバヒー（東南アジアで好んで食べられているミルクフィッシュとも呼ばれる魚で、その養殖の歴史は六〇〇年以上）や、クサエビ（草海老：世界的な養殖生産対象エビとなっているブラックタイガーのこと）の養殖を見せてもらった。

春前から、池に一〇cmほどに浅く水を張った中に、鶏糞や米糠等の肥料をまき、腐らせる。こうしてベントスと呼ばれる魚のエサになる水生生物を育てる準備をするのである。次にまた水深を深くしながらさらに施肥をして、このベントスを増やしていく。秋までに、成長に十分な食糧のベッドを育てることができれば、あとは稚魚を放つばかりである。上海ガニの養殖や東南アジアのナマズ養殖も、近代的な配合飼料養殖技術は開発されてはいるものの、今でも養殖生産量の七割以上が無給餌養殖か、この施肥方式で行われている。

中国では、飼料となる資源をサイロの中で発酵させることで、腐敗を防ぎ、貯蔵を可能にした。サイロで混合投与される粉末混合飼料には、さまざまな原料が調合されていた。原料倉庫には数多くの飼料原料やビタミン剤とミネラル剤、数種類の漢方薬などが積まれていた。サイレージ飼料とすることで直接摂餌させられ、すぐに生物餌料が繁殖して、コイやナマズの生産性を効率よく高めるエサが、長い歴史の中で開発されてきたのである。養殖の技術開発の一面として大変に興味の尽きないものであり、将来の開発途上国の食糧生産を支える養殖方法の一つとして、おろそかにできない技術であると感じたものである。今では、このサイレージ飼料に、魚粉やさまざまな穀物や飼料添加物が混合され、栄養価の改善と病気の予防などの技術が発展している。

中国の種苗生産場

東南アジアでもサバヒーやナマズ、エビ・カニ類や貝類などが粗放的養殖で発展してきたが、人工飼料の併用や環境改善のための水車や換水設備の導入などによって、生産性は従来の数

海上網生け簀でのアワビの養殖（ベトナム）

倍に改善され、アジア各国における養殖生産量は世界のトップテンを占め、かつて世界最大の養殖国であった日本は、今や中国・インドネシア・タイ・インド・ベトナム等に抜かれてしまった。それ以外の開発途上国での漁業や養殖生産の発展も、先進国を凌ぐもので、二〇三〇年にはこれらの国々での水産物生産は現在の数倍となり、世界の養殖生産量も現在の六五〇〇万tから一億tを超えるのではないかと思われる。

3. 食糧をめぐる諸問題
——地球温暖化と安全性——

人間はどれだけ食べているか——欲望のままに食べることへの警鐘

表3．1の国別穀物食糧消費推定をご覧いただきたい。この表の中で、魚を生産するのに一・五kgの穀物を消費し、肉を生産するには三kgの穀物を必要とすることを踏まえて、一年間に一人あたりどれだけの穀物が消費されているかを表したものが総消費穀物換算の数値である。世界平均が三七三・〇kgであるのに対して、日本人は三五七・六kg、肉をたくさん食べるアメリカ人は五一四・七kg、魚や肉をあまり食べないインド人は一八〇・八kg、お隣りの中国人は三九五・四kgと、国ごとで大きな差がある。また、供給食糧合計で見てみると、現代の日本人は年間四七六・八kgの食糧を消費しているのに対して、インド人は三三六・一kg、中国人は六一八・七kg、

表3.1 国別穀物食糧消費推定

（一人あたりの穀物消費量 kg/年）

	穀物	魚	穀物換算魚	肉	穀物換算肉	総消費穀物換算	供給食糧合計
日本	116.7	66.8	100.2	46.9	140.7	357.6	476.8
アメリカ	113.6	21.4	32.1	123.0	369.0	514.7	668.2
インド	158.6	4.6	6.9	5.1	15.3	180.8	336.1
中国	189.6	31.2	46.8	53.0	159.0	395.4	618.7
世界	139.0	23.4	35.1	66.3	198.9	373.0	537.0

穀物換算値：魚1.5、肉3.0で計算

アメリカ人は六六八・二kgと、肉食嗜好であるほど世界の食糧資源を食い荒らしていると言える。

このことは、他の水資源や化石燃料資源についても同様の消費傾向にある。高度な文化を享受し工業が発展すればするほど、大量の炭酸ガスの排出を促し、それが地球の温暖化と異常気象という形になって現れているのが現状である。そして先進各国は、その責任を比例的に負っている。ところが、早急な温暖化対策を迫られている先進国の中には、ブラジルやアフリカ諸国等の途上国が持つ「CO_2排出権」を購入して辻褄を合わせようという、何ら根本的な解決策にならない奇妙な取り組みを進めているところもある。

現代の食糧問題は、「紛糾する国際政治」と「地球気象の変動期」により、飽食の生活を送り肥満に悩む人々がいる一方で、何億人もの人々が飢餓に苦しみ、毎年何千

砂漠のオアシス（ペルー）
ペルーの砂漠のオアシスにも魚が泳いでいた。水資源問題がますます厳しくなることを想う。

万人という人が栄養失調で亡くなるという事態を招いている。開発途上国や紛争に巻き込まれている国々では、人間として最低限の栄養を確保することもできないでいるのに、先進国社会では、食べることに過不足はないものの、「食の安全と安心」という課題や「肥満による不健康」と、「医療費の増加」という問題を抱え込むことになってしまった。

異常気象と食糧の確保

地球の気候環境は、ここ数百年間が地球歴史学的にみてとても安定したものであったことがわかっている。とくに日本の気候は、比較的安定した周辺海域の水温に守られて、過去三〇年間の週別平均気温や水温について現在のものと比較すると、それぞれについて一℃以上違うことは全くなかった。一昔前ならば、「三〇年ぶりの大雨です」とか、「二〇年前とほぼ同じ規模の冷害です」のようにニュース報道されていたが、最近では「一〇〇年に一度」とか「一〇〇〇年に一度」というような、従来のものさしでは測れない異常気象が報道されている。二〇〇六年に、オーストラリアを襲った干ばつは「一〇〇〇年に一度」といわれ、主力農産物の小麦や大麦、家畜の牧草などに甚大な被害が出て、世界的な穀物市場の高騰を招いたことは記憶に新しい。

このような異常気象、とりわけ地球の温暖化は、南極や北極の氷やアルプスの氷河を溶かし、このままだと太平洋の島国が海に水没してしまうことが憂慮される。この話は他人事ではなく、東京の下町や銀座までもが水没すると考えられる。

こうした異常気象による農産物への被害の拡大は、人口増にともなう食糧需給問題の解決を遅らせ、「富める国が貧しい国に援助する」という形がいつまでも温存されることになり、その国の自立を阻むことにもなる。もっと事態が進行し、自分たちが食糧に困るようになれば、開発途上国に対する援助は簡単に打ち切られるという事態もないとは言えない。

人口の増加に追いつかない食糧増産の歴史

人口が増加して科学技術が発展し、文明が進むことで食糧増産が可能となり、また人口が増えるというサイクルがある。しかしここへ来て、砂漠化や塩害、農業用水の不足などで耕作可能な土地には限界が見えてきている。また一方では、世界の人口の二〇％を占める中国（一三億）、一五％を占めるインド（一〇億）が年率二ケタに届くような経済発展をしており、国民生活の向上は、より豊かな食生活へと大きく変化している。

国民の欲求を満たすためには、世界中の資源を買い付けなければならず、これが魚粉・魚油等の養魚飼料原料の枯渇・高騰を招き、石油燃料価格の高騰を下支えし、世界中にその影響が出てきている。

頼みの水産養殖においても、湖や河川、内湾などの海岸線が、人々の生活の場として優先されたために水質汚濁が広がり、養殖

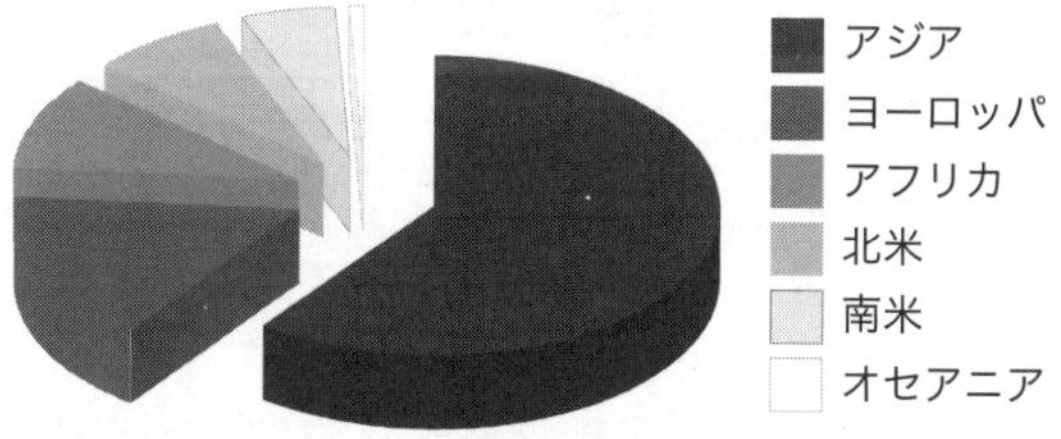

図 3.1　2010 年世界水産食糧需要 FAO 予想　(万トン)

表 3.2 世界の人口

・世界の人口は現在、65 億 9189 万 9691 人（米国勢調査局、国連統計のデータから推計）。
・世界の人口は、1 分に 150 人、1 日で 20 万人、1 年で 8 千万人、増えています。
・世界中で、1 年に 6 千万人が亡くなり、1 億 4 千万人が産まれています。
・貧富の拡大、温暖化など問題が山積です。
・石油の枯渇が近づき、表土と森が失われています。
・水と食料が、病院と学校が不足しています。
・人の生活が、太陽と地球からの恵みを、超えそうです。

～戦争なんかしている場合ではありません！～

独り占めでなく、分かち合って、共に生きなくては一ヒトも動物も植物も、宇宙の中で唯一の生命なのです。

生産から撤退せざるを得なくなるまで追い詰められてしまっている状況のところもある。

また一時期、日本人の大好物であるエビの養殖を目的として、東南アジアのマングローブの森が盛んに開墾されて養殖池へと変貌したが、エクアドルで発生したブラックタイガーの「ホワイトスポット病」のウイルスは、瞬く間に世界中に蔓延し、せっかくマングローブの森を切り開いて作られた養殖池も、うち捨てられたまま海岸線から数キロにわたって延々と広がっている。

こうした池の再利用について微力ながらも、マングローブの植樹や魚介類の複合養殖などを試しつつ、各国の水産研究者らと連携し進めているところである。食糧問題へのアプローチは、一様ではないだろうが、水産養殖に携わっている者としては、少しでも先を見越した計画を進めたいと思っている。

有害物質と食の安全に関する問題

いま、食糧問題以上に大きな問題となっているのは、人類の画期的と思われた発明ではあったが、科学技術の落とし子でもあるダイオキシンや農薬を合成し、そして従来、地球表面にはほとんど存在しなかった水銀や鉛など、生物にとって有害な重金属を掘り出してしまったことである。

また、近年の食糧に関する大きな問題の一つに、狂牛病の問題（BSE：牛海綿状脳症）がある。これは、草食や雑食動物が本来犯してはならない共食いをさせる給餌から始まった災いと言える。自然の摂理が存在し、超えてはならない一線を逸

使われていない養殖池

ベトナム名物、近代風海鮮土鍋
（石橋先生（右）と筆者（左））

脱した行為であったと考えるべきなのだろう。草食動物である牛や羊に同族の肉を食べさせたことが原因と考えられる。

ＢＳＥに対しては、専門家や国が問題の解明と対策を打ち出しているが、明確な事実が把握されていないために、灰色部分に対しても厳しい規制が実施されている。安心・安全を確保するためにもっともな処置ではあるが、食品産業にとっては、世界中で数百万トンとも推定される、反する動物由来の肉骨粉が使用されている飼料の焼却処分に、多大なコストがかかっている。日本でも、処分の費用は税金で賄われ、当然のことながら、その費用は肉のコストに上乗せされている。この肉骨粉をただ捨てるのではなく、魚介類の養殖用飼料原料として使えれば、魚粉の枯渇高騰にも対処できてよいのではないかと思うのだが、その安全性を証明するのは容易なことでないため、そう簡単には事が運ばない。私の経験では、過去に数十年間にわたって養魚飼料に肉骨粉の飼料を使用したことがあるが、とくに何も問題は発生していなかった。

しかし、安全であると言いきるには、あらゆる可能性を想定し吟味して、その安全性が確認されなければならない。そのために敢えて困難に立ち向かおうという研究者が出てこないのも仕方ないことであろう。問題の原因物質と考えられている反すう動物由来の「プリオン（感染能をもつ蛋白質因子）」が、魚には取り込まれず、その魚を人間が食べても問題がないということを証明できれば、世界中で廃棄されている数百万トンの肉骨粉が、養魚飼料の原料として使用できるのだが、誰かこの研究に取り組んでいただけないものだろうか。

今後、われわれは何を食べていけばよいのだろうか。またＢＳＥをはじめとして、さまざまな食の問題にどう対処していったらよいのだろうか。

さらに人類の存続の前に立ち塞がるものとして、致死率が高い未知の疾病の蔓延という事態も見過ごせない。これまで人類とは隔絶されて出会うことがなかったジャングルの奥から捕まえてきた新種の生物たちの中から、未知の病原性ウイルスを悪魔の使いとして目覚めさせてしまうことがあるかもしれない。今まで経験したことのない致死性の高いウイルスに晒されることになってしまうかもしれず、自己防衛する知識と、生き残るための判断力を持たなければいけない。ただ避けて逃げ回っていればよいという話ではない。生き残るためには、危険度の少ない食品をバランスよく選択して食べることで健康を維持するしかない。テレビや新聞や週刊誌で「危ない食品」のニュースや記事を見たとたんに、その食品をいっさい食べないということで済ませられる問題ではない。

現代の分析技術をもってすれば、どんな食品であっても毒性物質がゼロということはあり得なくなってきている。例えばわかりやすく考えると、学校のプールの中に浮かぶ芥子粒一つの量を測定できるようになったというようなところまできているのである。過去の分析技術では測定できなかったものが、今の技術ではとても小さな単位のところまで測定できるようになったのである。

わが国の平均寿命は、圧倒的な女性の長寿化記録に引っ張られて、長い間世界一を維持してきている。それは、さまざまな危険因子に対する知識と、危険を排除した食糧摂取に基づく健康維持、そして生活環境の整備が大きな要因であったと考えられる。世界で寿命の短い国では、上下水道や医療設備などの、社会環境が整っていないことによる疾病の蔓延に苦しみ、また、食糧が不足して健康を維持できないことによって死亡率が高い。決して汚染した食糧や危険物質をたくさん食べたために死ぬ人が多いわけではない。

危険物質と安全基準

以前とは比べようもないほどの精度で分析が可能となったために、新しく確認されるようになった危険物質がたくさんある。ほんの数十年前には安全基準として「ゼロ」という数値が設定されていた。つまり、分析精度が低かったために、ある物質において一〇ppm（百万分の十）以下のレベルは測定できなかったために、検出値は「ゼロ」ということになっていた。しかし現在では、一ppt（一兆分の一）の単位まで分析可能となってきた。もう「ゼロ」ということはなくなってしまったのである。このようなレベルの分析は、大変高度な装置と技術を要するためにとても高額な費用が必要となる。

専門の科学者にとっても、どれだけのレベルまで食べても安全なのかを発表することは、学者生命を賭けるような話であるため、なかなかものを言わなくなってしまっている。「危ない！危ない！」と叫ぶほうがたやすく、マスコミ受けもするため、中世期の魔女裁判のような様相を呈するようにもなってしまった。食品の量販店や一般消費者は、このような「オオカミ少年」に惑わされてしまい、「危険かもしれない」と指摘された食品は即座に店頭から排除され、買い控えられたりするのだが、そのうちそんなことは忘れてまた食べ始めると、今度は次の「オオカミ少年」が出てくる。このような不安をかきたてることの繰り返しによって、消費者の食に対する不信感はますます募っていってしまうのである。

危険な食品を見分けられない問題

食に対する不信感のもう一つの大きな原因は、自己判断力の欠如に発している。

二〇〇四年六月、韓国で、腐った大根と汚染した水で作られた餃子が大量に出回っていたことが発覚した。これは、食べて具合が悪くなった人が出て発覚したのではなく、内部告発によって明らかにされたのである。後で事実を知った人々の、気持ちが悪くなったであろうことは否定しないが、食べた人が食中毒を起こして病院に運び込まれたということはなかった。日本にもその餃子がたくさん輸出されたとの報道がなされ、さらに騒動は広がり、店頭から餃子が一斉に姿を消してしまった。やがてテレビや新聞、週刊誌などが話題にしなくなると、店先に餃子が並びはじめた。このような現象をどう捉えたらよいのだろうか。

安心・安全で美味しい食べものを自ら選択する能力が低下してしまった人は、マスコミに踊らされやすく、そのために人間不信に陥って、救いようのない混乱に巻き込まれてしまう。しかし一方で、体の弱っているお年寄りや免疫力の備わっていない乳児などが、汚染された食品を食べて、最悪の事態に陥ることもある。

世界中の食糧が輸入されてくる中で、安全を守る法律や検疫制度が施行されてはいるが、食べるときに、「これはちょっとおかしいから食べるのを止そう」と、自ら判断することができなくなっていることが問題である。

食糧生産という一次産業は、科学技術の進歩に伴って飛躍的に変化・進展してきた部分と、相変わらず泥臭さの残った後進的な部分がある。自然環境の影響を受けやすいために、あらぬ誤解や非難を受けやすい。

現在の水産養殖は、これまでも安全な食品として養殖生産物を作る努力が続けられてきており、今後もますます発展していくことは間違いない。消費者においては、正しい知識をもって養殖生産物を選択してもらい、安心して家族の食事のメインディッシュの一つとしていただけるよう願う次第である。

これからの世代に伝えるべきこと

現代人は、病原菌どころか何もかもクリーンなものを求めるようになってしまっている。そのことが、体力や耐久力を失わせていることにも関心をもつ必要がある。花粉症や光化学スモッグに対する過敏性が、このような潔癖症にも起因していることがわかってきている。

コアラは、他の動物にとっては有害なユーカリの葉しか食べない。生まれたばかりのコアラの赤ちゃんにはユーカリに対する解毒力が備わっていないが、母親の排泄物を食べることでこの解毒力を徐々に身に付け、ユーカリが食べられるようになるのである。

人間の子どもにおいても、可愛さのあまり精製された食べものばかり与え、無菌状態で生活させていたら、免疫力は低下し、健康維持が難しい身体となってしまうであろう。乳幼児期には自然の気温に慣らすことが不可欠であり、いつも一定で暑さも寒さも感じないような環境で育ててしまうと、体脂肪を燃やす酵素系の発達が抑制され、肥満児になってしまうことが知られている。寒いときに震えてゾクゾクする感じは、背中などに分布する褐色細胞組織が働き始める合図らしく、脂肪分を燃焼しながら身体の震えを誘うことで、体温維持に努める仕組みができているのである。

数十年前には、「肥満児は都会に住む甘やかされた裕福な家庭の子ども」と相場が決まっていたのだが、現在では日本中どこに行っても肥満児がのんびりと歩いているのを見かける。今からでも遅くないので、適度な運動で汗をかくことと、バランスのよい食事の摂取を子どもたちに勧めることが親の義務でもある。

われわれは、というよりも現代の若者たちに伝えるべきことかもしれないが、君たちもしくは次の世代の子孫たちが大人になる頃には、今のように豊富な食糧が手に入らず、「安心・安全なものを」、などと言ってはいられないかもしれない。だからこそ、常日頃から自らを鍛えておかなければならない。肉体ばかりでなく内臓も丈夫に鍛えておかなければならない。体力があり健康度が高ければ、多少汚れた河川の水を飲んでも何ともない。

先進国の現代人は、赤ん坊のときから純粋培養され、汚れたものから隔離された中で育っている。そのため病原菌に対する抵抗力が低下しており、スギ花粉や環境汚染による被害を受けやすい身体になってしまった。「消化管に寄生虫が共存していると、アレルギーになりにくい」という説もある。冷暖房の完備された中で育っていく子どもたちの肥満は、誰に責任があるのだろうか。骨がもろくすぐに骨折したり、少しの間でも炎天下で立たされているとめまいや立ちくらみを起こす子どもが増え続けている。自然環境に身体を慣らす努力と、適切な栄養を摂取することは、大人が子どもに伝えていかなければならない最低限の生き残り策なのである。子どもには、内臓と筋肉を一緒に食べる美味しさを教えてやってほしい。そこには必要なビタミンや、微量の栄養素が詰まっている。ライオンが獲物を捕らえたときに真っ先に食べるのは内臓である。生き延びるために必要な栄養分が詰まっていることを、本能が教えてくれているのである。

これからの水産養殖

増え続けている人類を養う潜在力が養殖にあると考えるが、とくに今後、開発途上国での養殖魚介類生産が増えていくことは間違いないだろう。そのためには、有効に使える水資源の確保を前提とした魚介類の養殖であることが重要である。中国で、高レベルの淡水養殖技術の採用が進められており、池や沼の水産生物生産を増やすために、施肥や給餌、そして水質の改善などの技術が導入され、生産密度を上げる努力がなされている。もちろん、より生産性の高い魚種の導入や、複数の魚介類を飼うことで、水域のもつ生産性が高められていくことだろう。いま以上に、水生藻類や水草、および砂や泥などの底質の水質浄化能力についての研究が進み、魚介類の糞や餌・飼料の残餌が浄化されれば、人間に有効な資源に転換され、より高い収獲が得られるはずである。さらに高い生産性を得るために、電力による水車や、撹拌装置による炭酸ガスやアンモニアの排出と、酸素補給の経済性が検討され、より高い生産物価格に対しては、水質環境の改善設備が取り入れられていくであろう。

水質浄化施設の導入は、数万平方メートルというような大型の池沼から、五〇〇〜一〇〇〇㎡の養殖池に小型化することができ、より高い生産性を可能にした。しかし、栄養バランスのとれた人工配合飼料がなければ、疾病の発生予防や健康な魚介類の生産は保証されない。このことは、淡水養殖だけでなく海産魚においても該当する。

世界で増産されているエビ類の養殖は、海岸線の干潟や入り江などを囲んで生産されているが、マングローブなどの自然林を切り開いて新たな養殖池を作ることに抵抗が強まり、認可が難しくなっていくと、既存の広大な池環境をより効率のよい人工池設備に変えたり、海岸線の陸地に池設備を設置しての養殖が発展していくであろう。また現在、日本で行われているような、海水をポンプアップして流水で飼育し、排水を簡単に浄化しただけで海に捨てる方式は、環境保護の見地からも禁止されることになるだろう。

そこで進められるのが循環濾過養殖で、これは海から汲み上げた海水を浄化装置で有機物を除去し、再使用するのである。先に述べたが、電力中央研究所がこの方式を用いて、山奥でヒラメを飼育することに成功している。使用する海水は、塩やその他のミネラル成分を混合して作った人工海水の素を淡水に溶かすだけでよく、天然海水を運んでくるよりもコストが安く済む。さらに驚くべきことに、自然海水で人工ふ化などの生産をするよりも、人工海水を用いたほうが病気も少なく、成長性や歩留りが高いレベルに達したことが確認されている。また、人の生活活動や工場から排出されている、微量な有害物質の影響や、病原性の細菌や寄生虫、およびウイルスなどが混入しないことも、将来の養殖の基盤になる要素と考えられている。

宇宙飛行士の尿を浄化して、飲み水にするレベルまで技術開発は進んでいる。科学技術としては、浄化はほぼ完璧なレベルにあるが、それを養殖経営に応用できるコストになるかどうかが課題となっている。一〇トンの魚（水分六〇％）を飼育するのに、約一二トン（水分一〇％）のエサが必要であり、魚体として蓄積される栄養成分は四トンでしかないので、環境水に対しては、消費エネルギーと糞や残餌として、約六トンの負荷がかかっている。不消化物の少ない飼料を作ろうとすれば、良質の原料を使うので単価が高くなる。一方、安いエサでは糞や残餌が多く、粗放的な養殖でプランクトンや藻類による浄化に期待するのであれば、経済的ではある。しかし、循環濾過方式で、蒸発する水を足すだけで新たな海水を極力使わないようにするには、糞の産生の少ないエサを使用するか、発生するヘドロを安く除去する技術が導入されなければならない。

次に、廃水処理の基本的な考え方として、糞・残餌・尿成分を一気に浄化する方法は、不経済である。第一に、固形物質が崩壊・溶融する前に取り除かなければならない。それにはまず、沈殿する固形物を循環する水流で、排水部で最初に取り除く。次に懸濁して、水中を浮遊する厄介な汚濁を各種フィルターで取り除く。そして、泡で浮き上がらせて分離・除去する方式や、細かい各種のスクリーンに付着させて濾し、分けたり、砂や人工濾過剤などを用いて吸着させ、定期的に付着物や吸着した汚れを逆洗して取り除く。これらの固形物と、トラップで取り除けなかった汚れは、各種濾材表面に形成される微生物群によって、消化分解される。糞や残餌などの固形物や濾材でためられた汚濁物質は微生物により分解され、アンモニアや亜硝酸などの融解成分として、水中に吐き出される。

これらの成分は、飼育されている魚介類にとってはとても有害な成分で、健康を低下させたり、斃死させることがある。また、低濃度でも疾病の原因となったり、感染症に対する抵抗力を低下させてしまう。

また有害成分は、濾材表面に増殖する細菌叢や、水中に繁殖する植物プランクトンによって

表 4.1 世界の主要漁業生産国（2003 年度）（単位：千トン）

	漁　業	養殖業	漁業総生産量	養殖生産比率（%）
世界合計	91,804	55,183	146,987	37.5
中華人民共和国	17,052	38,688	55,740	69.4
ペルー	6,094	14	6,108	0.2
日　本	4,782	1,302	6,083	21.4
インド	3,712	2,313	6,025	38.4
インドネシア	4,692	1,229	5,920	20.8
アメリカ合衆国	4,988	544	5,533	9.8
チ　リ	3,922	603	4,525	13.3
タ　イ	2,850	1,064	3,914	27.2
フィリピン	2,167	1,449	3,615	40.1
ロシア	3,321	109	3,429	3.2

表 4.2 世界の養殖魚種別生産量（単位：千トン）

	1999	2000	2001	2002	2003	
養殖業合計	43,000	45,658	48,555	51,972	55,183	100%
魚介類合計	33,377	35,474	37,916	40,382	42,657	77.2
コイ・フナ類	14,949	15,452	16,275	16,673	17,377	31.5
テラピア類	1,104	1,270	1,386	1,483	1,675	3.0
ウナギ類	219	233	231	232	232	0.4
サケ・マス類	1,395	1,544	1,787	1,791	1,855	3.4
カニ類	110	140	164	194	189	0.3
エビ類	1,068	1,162	1,347	1,496	2,146	3.9
貝　類	8,884	9,162	10,025	10,722	11,497	20.8
その他	5,648	6,511	6,701	7,791	7,686	13.9
藻類等	9,623	10,183	10,639	11,588	12,526	22.7

酸化され無害化されていくが、そのバランスの制御が難しい。そのため、測定機器を用いて、pHやNH_4やNO_2などを毎日分析し、不都合な飼育環境水は大量に排水し、新鮮な水と交換することが大切である。

加温した水と低温の新鮮水を入れ替える換水は、多大なエネルギーを必要とするため、加温養鰻方式などでは、動力燃料費が、生産コストの一五%以上を占める時代もあった。しかし現在では、効率のよい熱交換システムが導入され、さらに高い浄化方法が採用されるようになっている。それは、熱帯魚などを長期間飼育していると水が黄色くなるのをご存知の方もいると思うが、活性炭や科学吸着物質を使って、通常の浄化では取り除けない汚濁物質を吸着させ、定期的に交換するものである。

水族館や種苗生産などの、より高度化された飼育で問題になっているのが、ウイルス等の病原性生物の除去と、まだ解明できていない微量の成分がある。これらの対策としては、オゾンや紫外線が採用され、効果が確認されている。

エピソード―飼料開発に携わって

佐賀の思い出――私の原点

一九四六年に満州で生まれ、母方の故郷佐賀に引き揚げてきた私は、幼少の頃何度も佐賀県神埼町の祖父母の家に遊びにいった。中でも母の一番下の叔父（吉田清幸歯科医院院長）とは仲がよく、私には弟しかいなかったことから、べったりはり付いてはなれず遊んでもらっていた。自転車の荷台に載せられ、田んぼや川に連れていかれては、バッテリーの電気で一時的に魚を痺れさせてすくい揚げるというやりかたで、大きなコイやフナ、たくさんのドジョウを捕まえて得意げに帰ったものだ。その獲物は、当時歯科医であった祖父を、歯科技工士として支えていた祖母が、器用にさばいて料理して食べさせてくれた。ドジョウを三枚におろしたものを蒲焼きにして食べさせてもらったときの手際のよさと美味しさは忘れられず、そのときから魚の魅力に憑かれてしまったのかもしれない。

曾祖父は長崎で蘭学を学んだ医者で、祖父は歯医者というよりも科学者のような人だった。祖父の家では、昔風の田舎屋敷の薄暗い土間や廊下沿いに、豆電球を張り巡らし、バッテリーで充電しながら夜に明かりを灯していた。庭には小さな池が造られており、そこに捕まえてきた魚たちが放され、残飯が与えられていたのも懐かしい思い出となっている。

水産大学での思い出

東京水産大学四年生のとき、大学紛争のまっただ中にいた。東京の自宅を飛び出し、野球部に入るという条件で大学寮に入ったことが、私の人生の大きな転機だったのかもしれない。

「浅間山荘事件」を起こした坂口弘君とは同級生であった。二年生のときに、新入生を歓迎する「スタンバイ委員」に彼と一緒に選ばれた。受験勉強で鈍った身体と精神を鍛え直し、良き大学生活を始めてもらおうという親心で、新入生を大部屋に集め、夜中にたたき起こしてグラウンドを走らせ、酒を飲ませた。翌日、空の布団を残して二人の学生がいなくなり、二度と寮には帰ってこなかった。その後「これは犯罪ではないか」と悩み、委員の間でも議論が炸裂したが、そのとき一番穏和で、「ひどいことをしてはいけない」と主張していたのが坂口君だった。その後、いつの頃であったか、気付いたときには彼もいなくなり、大学に戻ってくることはなかった。

野球に入れ込んだための勉強不足を取り戻そうと、大学院に進むことにしたが、折からの大学紛争で大学に機動隊が入り、「ロックアウト」。構内には入れず、卒業式も入学式もなく浪人の身となってしまった。そこで、以前アルバイトをした経験のある国立淡水区水産研究所が世田谷の自宅から近かったので、居候させてもらうことにした。そこには、優しく受け入れてくれ、やりたくて仕方がなかったニジマスの飼育試験を任せてくれた、今は亡き新間弥一郎先生と、今でもお世話になっている元養殖研究所所長の能勢健嗣博士がいらした。お二人との出会いがこの業界で働くきっかけとなり、大変有り難く感謝している。

よりよい飼料をめざして

東京水産大学では油脂の研究もしてきたことから、もう一人の上司で大学の先輩でもあった、後の水産課長の増田績さんに頼まれて、生魚や魚粉の酸化についての測定をするようになった。油脂の性状の分析としては、酸化・過酸化物価・カルボニル価などがあり、測定してみると、当時流通していた生魚や配合飼料の原料である魚粉は、一般の食品に比較するとひどく酸化が進んでおり、試しに少し口に含んでみたところ、えぐみが強く驚いてしまった。

当時は、「魚なんて何でも食べるし、多少腐っていても問題ないだろう」と考える人が多く、私が飼料の原料や品質管理の必要性を提唱したところ、当時の取締役飼料業務部長から、何を馬鹿なことを言うのだと、白い目で見られてしまった。

しかし屈することなく、「養魚の固形配合飼料に粉や砕けがあったら水を汚して成長も悪くなるので、工場出荷時に粉が一％以上あったらいけない」とか、「使用する原料魚粉の酸化レベルが、ある数値より高かったら使ってはいけない」「品質の劣るものは製品として認めない」などの品質規格を提案した。新入社員がいきなり会社の品質管理規則を取り上げたわけで、とんでもない奴だと思われてしまった。

油脂の研究

ニジマスを用いた初めての飼育試験は、学生時代にノート三冊分の、魚粉と魚油に関する文献の集積の中から思いついたものであった。当時完全配合飼料と称していた養魚飼料は、イワシを煮て圧搾し、脂質を除いた後、乾燥して作られる魚粉を主成分としていた。主蛋白源としての魚粉に大豆粕や小麦粉を混ぜて、カリフォルニアペレットマシーンという高圧の押し出し成型機で造粒した、ニジマス用ドライペレット（ＤＰ）であった。

大学の卒業論文は魚油の研究であったが、養殖業界ではほとんど使われていない魚油が水素添加技術で固形化され、マーガリンとして食用となっており、魚には還元されていないことを知り、片手落ちではないかと考えたのである。

淡水区水産研究所で始めたニジマス飼育用試験飼料は、今や伝説の人となってしまったハルバー博士らが提唱した基礎飼料で、ビタミンやミネラルの要求量が確認されていた。カゼインを蛋白源とするニジマス用試験飼料に、魚油と大豆油、獣脂（牛脂）を同量混ぜて飼育を続けたところ、油脂を何も入れない飼料に比べて、油を入れた飼料の魚は明らかに大きく育っていった。一カ月ほど飼育を続けると、見た目でも明らかに大きさが違うことがわかるほどであったが、魚油区と大豆油区はほとんど差がなく、獣脂区は無添加よりは優れていたが、魚油や大豆油に比べると摂餌もやや悪く、さらに二カ月ほど飼育して取り揚げたときには、他の油脂添加よりやや成長の伸びが悪かった。初夏の飼育試験であったためこのような結果となったが、もし秋から冬にかけての飼育であったら、獣脂区ではもっと成長が悪く、越冬できずに死ぬ魚も見られたかもしれないことを、会社に就職してからの実験で知った。逆に言えば、夏場の高水温時には安価な獣脂を、十分にエネルギー源として利用できることがわかっていたので、養殖現場で生かしたいと考えていた。しかし、数年前まで続けていた水産庁の高品質配合飼料開発検討会で、ブリやマダイにも魚油の半分を、大豆油や牛脂などに置き換えられる可能性を証明したが、折悪しくＢＳＥ問題が発生したため、活用できないでいる。

魚に、反すう動物由来の原料を使用しても問題がないことが確認され、安全宣言がなされれば、現在世界で数千万トンも廃棄処分されている肉骨粉や牛脂などを養魚飼料原料として使えるようになり、魚粉の国際的な分捕り合戦などしなくてすむのだが、実態が解明されるまでしばらく時間をおくしかない。

製品の安全性を確認することはとても大変なことである。あらゆる可能性を考慮して実験を繰り返し、蟻の穴ほども見逃してはならない。一方、危険性を指摘することは至極簡単なことである。何か少しでも灰色な部分があれば、危ないと言えばよいのだから。新聞や週刊誌がこぞって書き連ねる衝撃的な見出しは、消費者に対する警告として受け入れればよいのであろうが、鳥インフルエンザやコイヘルペスの発生に関する記述には、行き過ぎとしか言いようがないものもあると感じる。

ウイルスの蔓延を防ぐことは国の責務であり、強い行政指導により悪質な生産者の売り逃げを防ぐことが必要だが、食べても安全な生産物がどこにあるとか、まだどこに残っているなどの記載はただの生産者いじめでしかない。安全な食べものまで悪者にしてしまうような記事の書き方で、どれだけの生産者が倒産し、廃業してしまったことだろう。

コイがコイしい？

一九七二年に日清製粉（株）中央研究所に就職し、初めに担当した魚種がコイだったことから、コイの養殖が衰退の傾向にある現状は寂しいとしか言いようがない。コイやフナは、かつて日本人にとって貴重な動物性蛋白源であった。また、コイに特有の油分やミネラル成分が、病人や妊婦に大切な栄養源となって貢献してきた。今やテレビや雑誌で、健康に貢献する食材やその機能性効果について、いろいろなものが毎日のように報道されている。マスコミで取り上げられると、その日のスーパーマーケットでその食材が瞬く間に売り切れてしまうという現象は尋常ではない。

中国では、コイ科の魚だけで一〇〇〇万t以上の養殖生産量と報告されており、昔の日本のように、今でも大変に重要な蛋白源となっている。私も仕事柄コイを食べる機会は多いが、コイほど安くて美味しい魚はないと思っている。しかし生産が激減して、コイの池揚げ相場は一気に高くなっており、喜ばしいことではない。これほど安く作れる魚はないのだから、日本の養殖コイを復活させ、大切な動物性蛋白源としての地位の復活を願っている。そのためにはまず、霞ヶ浦の根本的な浄化が必要であり、コイを味わうという食文化の普及がカギであると考えている。

養殖日誌の重要性

私は、配合飼料の開発販売の傍ら、在庫管理が基本であることと、「養魚日誌」をつけるよう漁師さんたちに説いて回った。一昔前は、在庫量について養殖生産者がきちんと把握していることは少なかった。今でも、養魚場で泳ぐ魚のサイズや尾数を、当の経営者より飼料メーカーの営業担当者のほうが、しっかり把握していることがある。

私が九州で飼料説明会を開いたときのことである。講演後の親睦会の席で、養殖業者には似つかわしくない（失礼！）、ネクタイ姿の貫禄ある紳士がにじり寄ってきた。名刺を取り出し、「私は某銀行の頭取です。先生に是非お聞きしたいことがあるのですが」と言う。「いいですよ、何でもお答えします」と返事をしたところ、「ここでは何ですから、市内の料理屋で一献差し上げたい」との展開になった。

美味しい魚料理をご馳走になった後、「いま養魚場の経営診断の方法を検討中で、在庫の推定方法を是非教えてほしい」とのことであった。要するに、当時花形産業であった養殖業に、どこまで資金を貸してよいものか、相場が乱高下する中、顧客の養殖場の経営実態が帳簿上では判断できず、飼育魚の評価を知りたいが、管理がいい加減でよくわからないというのである。私は、「一番いいのは、『養魚日誌』を見せてもらえば、そこに全池の総合尾数や、重量が誤差五％以内で記されているはずなので、それで把握できます」と教えてやった。「だからといって、出された『養魚日誌』が正規のものか、他に裏帳簿があるかまではわかりませんよ」と付け加えたら、向こうもニヤリとした。

養殖業の景気がよかったときに、鹿児島県の養鰻業者と熊本県のブリ養殖業者、そして霞ヶ浦の養鯉業者に対して、追徴課税問題が浮上したことがあるのだが、国税当局は予めしっかりと調査していたのには感心させられてしまった。査察の合間に茶飲み話をしていたら、査察官が「一番確かなデータは、飼料の購入量なんですよ」と呟いた。「今のはオフレコですよ」と言って席を立ったが、確かにエサの使用量から生産量を割り出すことが、帳簿の不正を見分ける最善策といえる。確信犯はいくつもの飼料問屋と取り引きしたりしているが、「それらをすべて調べ上げられていたよ」と業者は苦笑いしていた。

生産と管理

再度飼育データを見直し、「養魚日誌」の給餌データを定期的に精査することで、推定在庫量が正確に予測できるようになった。魚の平均サイズと水温から飽食給餌率を推定し、割り算すれば在庫総量が求められるようになった。それには、定期的にサイズを測定するための検体作業が必要ではあったが、池から五～一〇尾ほど取り揚げて、平均体重や尾叉長を測ればよい。そして毎回、池主や飼育担当者、そして営業担当を交えて、取り揚げた魚のサイズは池平均より大きいのか小さいのかを議論してもらった。毎回同じことを繰り返すようになれば、彼らもプロなので真剣に魚を見るようになってくる。そして、実際に測定したサイズから、大きい・小さいを具体的な数値として記録に残していった。

取り揚げた魚から肥満度が求められるので、そのうちに近所の生産者も集まってきて、これまでの給餌が多めか少なめか白熱した論議になり、お茶を飲みながらの小勉強会にも発展した。また、得られた最終数値の尾数や総重量から逆算・推計し、反省会ともなった。自分たちが出した数字をもとに検証し、次の生産計画を立てられるところまで来れれば、あとは生産者がみずからが、地域の適正な飼育管理技術を確立すればよい。

勤続三〇年間で、結局転勤辞令は二〇回を数え、さまざまな分野の業務を経験し今日の私があるのだと、日清製粉や業界関係者に感謝している。

最近では、各地の青年会の若者たちがパソコンを駆使して、在庫量や適正な給餌を心がけ、薬剤を使う必要のない、健康で美味しい魚を作る努力をしているのを見聞きするにつけ嬉しくなる。病気が頻繁に発生して、薬を投与しなければならないような養殖生産は生き残れない。ほんのちょっとしたアドバイスに耳を傾け、改善策をいち早く取り入れていった人が競争に勝ち残る。そのような人たちが現在の養殖の基盤を築き、今なお養殖業を拡大しようとの勢いを感ずるのは、嬉しい限りである。

世界的な環境汚染

数十年前に養殖場を巡回・訪問したときに、病気の発生した池で魚を取り揚げ、魚病診断して、適正な抗生物質を使うよう指導したら、ぴたっと病気が治まってくれた。経営者は大感激で、指導した私は先生というより神様扱いされ、飲めない酒を強く勧められ、閉口したことも多かった。水産学部出身の経営者たちや、経験を積んだ飼育担当者が増えたこともあるが、単純な飼育や投薬指導が画期的な効果を上げることはまずなくなってしまった。今営業をしている後輩たちは、気の毒としか思えない。

国、生産者、消費者が今早急にやらなくてはいけないことは、河川・湖沼や海域の浄化機能の回復である。「持続的養殖生産」を唱えるのも大事だが、環境汚染が今や深刻な状態にあることをもっと認めるべきではないだろうか。

中国に何度か訪問する機会を得たが、行くたびに市場経済の発展と消費力の向上に目を見張るものがあった。と同時に、深刻化を通り過ぎて絶望さえ感じたのは、水系の恐ろしいほどの汚染状況であった。ある都市河川での眺めは、自転車や冷蔵庫、動物の死骸などが川岸や湾口にあふれ、それが延々と続くのであった。

日本とて、対岸の火事ではない。見かけだけきれい好きのわれわれは、川岸のゴミを放っておきはしないが、「三尺流れれば水清し」の格言を信じているのか、目に見えない水中の汚染には立ち上がろうとしない。

日本は、世界中から毎年何百万トンもの農産物や水産物を大量に輸入している。その排泄物は最後には窒素とリンという形で海に流れていくので、水替わりの少ない内湾は汚濁が進み、泳げる海がなくなりつつある。きれいな海を取り戻すために大事なことはゴミの分別処理であり、有機廃棄物の有効活用である。ゴミをどこまで減らせるのか、自宅でできる処理装置の開発・普及など、一人一人の行動の大きさを認識できるような取り組みを、政府がもっと積極的に推進していってほしい。

あとがき

水産養殖魚介類にもっと興味を持っていただき、安心して、健康で美味しい養殖生産物を選び、納得のいく料理をしてほしいと願っている。まずは美味しいものを味わう喜びを、もっともっと楽しんでいただきたい。そのためには、看板や宣伝に惑わされることなく、自分の目で選別できるだけの知識と経験が必要である。

小家族制に移りゆく現代では、祖父母などの、先人からの教えを得る機会が極端に減ってしまった。故郷に長く住める人は減り、住まいを遠い地に求めざるを得なくなっている。それは食生活においても同様で、経験のない地での新たなる学習が必要となる。今は日本中どこにでも画一的な食材が並び、当たり障りのない食生活になる傾向にある。現代食は、年配者の経験からは遠いところにあり、伝統がつながらなくなってしまった。かつては、魚屋との食材選びの話のやりとりで多くの情報や知識が培われていたが、今はラップで包まれた切り身が並び、そこから得られる情報は重さと価格ばかりである。「養殖もの」や、「解凍もの」の記載が法律で定められたが、そこに記されている魚種名を見て、どれだけの人がそれに関する知識を得ているだろうか。

今日、養殖魚介類は一〇〇種類以上になっている。天然魚では旬を基準に美味しさを選んでいたが、世界各地で漁獲され運ばれてくる魚は、今や年間を通して手に入るが、その栄養成分は、それぞれの地域や季節ごとに異なっている。魚を売る店では、安心・安全のトレーサビリティや、美味しさのもととなる鮮度や脂ののり具合、料理の仕方までも商材に添付して、消費者の購入の助けとしている。しかし、この苦しい経済情勢の中、大量仕入れと安売り合戦に生き残るのは並大抵のことではない。消費者が安心・安全を求めていても、最後は、より安い食材に手を出してしまうのは仕方のないことであろう。

箸を上手に使いこなせるわれわれにとっては、魚を余すことなく料理して食べ尽くすことこそ、健康の秘訣であると思う。本書で養殖魚介類の実態について、少しでも知識として取り入れてもらえれば幸いである。

養殖生産している方たちへ——

安全な食材を作ることは当たり前のことである。しかし、一部の人が、「自分だけは」とか「ちょっとだけならわからないだろう」と、やってはいけないことをしたことが発覚し、その会社がつぶれてしまった例がある。また、関連する生産者全体が不買の波に晒されて、廃業に追い込まれた例もある。たしかに、マスコミ業界の異常な情報暴露に消費者が惑わされやすいことは事実であり、また、数カ月もしないうちに忘れてしまうのも日本人の特質かもしれない。しかし、われわれ生産に携わる者としては、自分の子どもや孫たちが、安全に食べられるものを作ることが大切である。残念なことに、その信頼感が失われてしまったことから、「トレーサビリティ」という安全証明を要求されてしまった。

また、反省しなければならないこととして、環境水域の汚染の問題がある。養殖生産物を一kg作るのに、残餌や糞が二kg以上発生している。それを浄化できる環境を保護しないと、水域の汚濁が進み、生産性が悪くなるばかりか病気が発生しやすくなり、高価な薬剤を使うことになってしまう。もちろん、汚濁の原因は養殖のほかに、工業廃水や生活排水、農業や牧畜業からの汚濁の流入にも原因がある。だからこそ、養殖業界が率先して水域の汚濁を、これ以上増やさないよう努力してほしいと願う。政府や研究開発機関で働く人たちも、安全でないものを排除することに責任を持たなければいけない。安全基準が完全でないことから、灰色原料である肉骨粉が使用もできず、消却もままならず野積みされ、焼却処分という税金の無駄遣いをしている。世界人口が増え食糧資源が不足している中で、このような資源を安全に使用できる方法を、いち早く研究・開発することが、国際競争力を得る最高の方法だと思う。

（謝辞）

最後に本書の当初出版企画「ぜひ知っておきたい日本の畜産と水産」の執筆者としてご推薦いただいた元日清製粉那須研究所長の本澤清治様に、溜めていた資料や写真を整理し勉強する機会を得た事に感謝申し上げます。

当初予定の牛・豚・酪農・卵と私の水産の原稿内容が盛り沢山となりましたことから、二〇〇五年七月に一足早く「日本の畜産」として分離出版されました。

今回の執筆にあたり五年以上と言う長い月日の間に根気強くご助力をいただきました夏野雅博出版部長を始め幸書房の皆様に厚く御礼申し上げます。

【著者紹介】

中田　誠（なかだ　まこと）

1979 年に東京水産大学製造学科卒業後，同大大学院水産学専攻修士課程に進む．日清製粉，日清飼料，日清丸紅飼料で養魚飼料の開発に携わり，その間，養魚飼料協会技術委員長として（社）マリノフォーラム 21 の「養殖システム開発研究会－沖合養殖パイロットファームプロジェクト」への参画や水産庁指定「高品質配合飼料開発検討会議」「環境負荷低減飼料開発会議」の代表委員を務める．2003 年に東京海洋大学社会連携推進共同研究センターの客員教授と招かれ，学内外からの技術相談や共同研究支援を担当する．2005 年に文部科学省産学官コーディネーターに任命され，海洋研究開発を主体とする産学官連携活動を推進する．2006 年に国連食糧農業機関 FAO の持続的養殖特別プロジェクト専門家に指名され，現在もガイドラインの作成を進めている．海外での「Encyclopedia of Aquaculture 養殖百科事典」や「Marine-Culture Handbook 養殖ハンドブック」等を執筆出版した事から，エクアドル・ベトナム・中国・イタリア・韓国・インドネシア・アメリカ等，海外各国から講演講義に招聘され，数多くの水産養殖の現場に足を運び，養殖の指導に当たっている．2007 年にアクアリサーチを立ち上げ，いくつかの民間会社の顧問を務める傍ら（独）水産総合研究センター養殖研究所研究テーマ外部評価委員，農林水産省特許アソシエイト，宇宙航空研究開発機構 JAXA 特許コーディネーターなどの公的活動や業界紙への執筆活動に忙しい日々を送っている．

ぜひ知っておきたい　**日本の水産養殖**

2008年2月15日　初版第1刷発行

著　者　中田　誠
発行者　桑野知章
発行所　株式会社　幸書房
〒101-0051 東京都千代田区神田神保町 3-17
TEL03-3512-0165　FAX03-3512-0166
URL　http://www.saiwaishobo.co.jp
組　版　デジプロ
印　刷　シナノ

ISBN978-4-7821-0313-5　C1062